校企合作双元开发创新型教材
高等职业教育智能制造类“十四五”技能型人才培养实用教材

智能制造综合实训

主　编　陈　敏　　陈兆庆
副主编　吴　斌　　杨　进　　李　华

西南交通大学出版社
·成　都·

图书在版编目（CIP）数据

智能制造综合实训 / 陈敏，陈兆庆主编. —成都：
西南交通大学出版社，2022.2
校企合作双元开发创新型教材 高等职业教育智能制
造类“十四五”技能型人才培养实用教材
ISBN 978-7-5643-8512-5

Ⅰ. ①智… Ⅱ. ①陈… ②陈… Ⅲ. ①智能制造系统
－高等职业教育－教材 Ⅳ. ①TH166

中国版本图书馆 CIP 数据核字（2021）第 269329 号

校企合作双元开发创新型教材
高等职业教育智能制造类“十四五”技能型人才培养实用教材

Zhineng Zhizao Zonghe Shixun
智能制造综合实训

主编 陈 敏 陈兆庆

责任编辑 何明飞
封面设计 何东琳设计工作室

出版发行 西南交通大学出版社
（四川省成都市金牛区二环路北一段 111 号
西南交通大学创新大厦 21 楼）
邮政编码 610031
发行部电话 028-87600564 028-87600533
网址 http：//www.xnjdcbs.com
印刷 四川煤田地质制图印刷厂

成品尺寸 185 mm × 260 mm
印张 10.25
字数 255 千
版次 2022 年 2 月第 1 版
印次 2022 年 2 月第 1 次
书号 ISBN 978-7-5643-8512-5
定价 38.00 元

课件咨询电话：028-81435775
图书如有印装质量问题 本社负责退换

前言
PREFACE

“智能制造综合实训”是针对机械制造及自动化、机电一体化、数控技术、工业机器人等专业学生进行实训的课程。本课程以智能制造为主体，围绕智能化工业机器人及其相关的知识，培养智能制造基础设备和软件的操作能力，培养智能制造系统多层次要素操作能力，培养生产过程中的现场调试能力。

智能制造是基于传感技术、网络技术、自动化技术、人工智能技术等先进技术，通过智能化感知、人机交互、决策和执行，实现产品设计、生产、管理、服务等制造活动的智能化。智能制造综合实训围绕智能制造主题，通过实践训练，辅以现场讲解，实现从基础操作到系统操作的完整训练，培养学生综合实践能力。

以智能制造综合实训系统所涉及工艺对象切入先进制造企业，联合广东省产教融合型企业、广州市高新技术企业——广州市全德机械科技有限公司，校企合作共同建设课程实训平台。

智能制造生产线由数控立式车床、机械手自动化生产线和智能综合管理系统三大模块组成，可以实现智能自动化生产一款对零件刚度要求高的产品，如空调压缩机机架等。

本书按照智能制造生产线设备、智能制造生产线实操两大部分编写。其中，第一部分分为四个模块：智能制造生产线概述、数控立式车床简介、机械手自动化生产线简介、智能综合管理系统简介；第二部分分为七个模块：加工产品简介、产品制造工艺、产品制造过程、产品加工程序编写案例、工业机器人简介、STEP工业机器人操作与编程、智能综合管理系统的使用。

本书由广州铁路职业技术学院陈敏、吴斌、杨进、李华和广州市全德机械科技有限公司陈兆庆工程师编写。陈敏、陈兆庆主要编写第一部分模块二、模块三，第二部分模块五、模块六、模块七、模块九、模块十一；吴斌主要编写第一部分模块一和模块四；杨进主要编写第二部分模块十，李华主要编写第二部分模块八。本书的出版得到了广州铁路职业技术学院专项经费支持，在此，对支持本项工作开展的领导和老师以及广州市全德机械科技有限公司陈永光总经理表示衷心的感谢！

由于编者水平有限，书中难免存在疏漏和不足之处，敬请广大读者批评指正。

编　者

2021 年 10 月

目录
CONTENTS

第一部分 智能制造生产线设备

模块一 智能制造生产线概述

智能制造生产线是由数控立式车床、机械手自动化生产线和智能制造综合管理系统三大模块组成，以实现智能自动化生产的生产线（本书以一款生产空调涡旋压缩机机架的生产线为例进行讲解）。

该生产线采用 KV-250E 型数控立式车床(图 1.1),使用 FANUC 0i-Mate-TF 数控系统。

机械手自动化线由采用上海新时达机器人有限公司的 SR20 型号通用机器人（图 1.2）和辅助流水线机构组成。

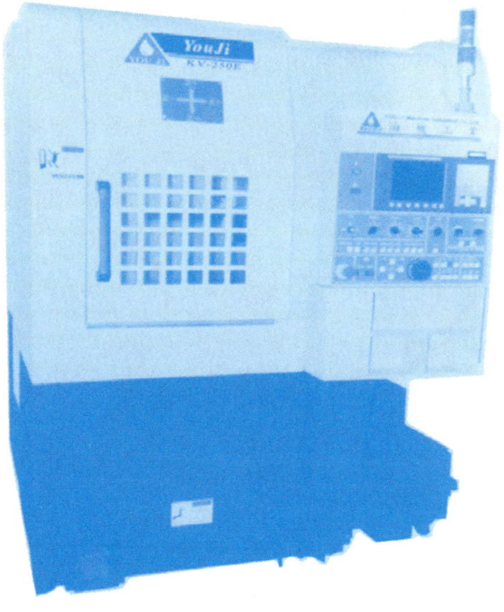

图 1.1 KV250-E 型立式车床

图 1.2 SR20 型机器人

智能综合管理系统（图 1.3）是由江苏西格数据科技有限公司提供通过工业数据采集、管理与分析服务，实现工业数据的互联互通和智能分析的管理系统。

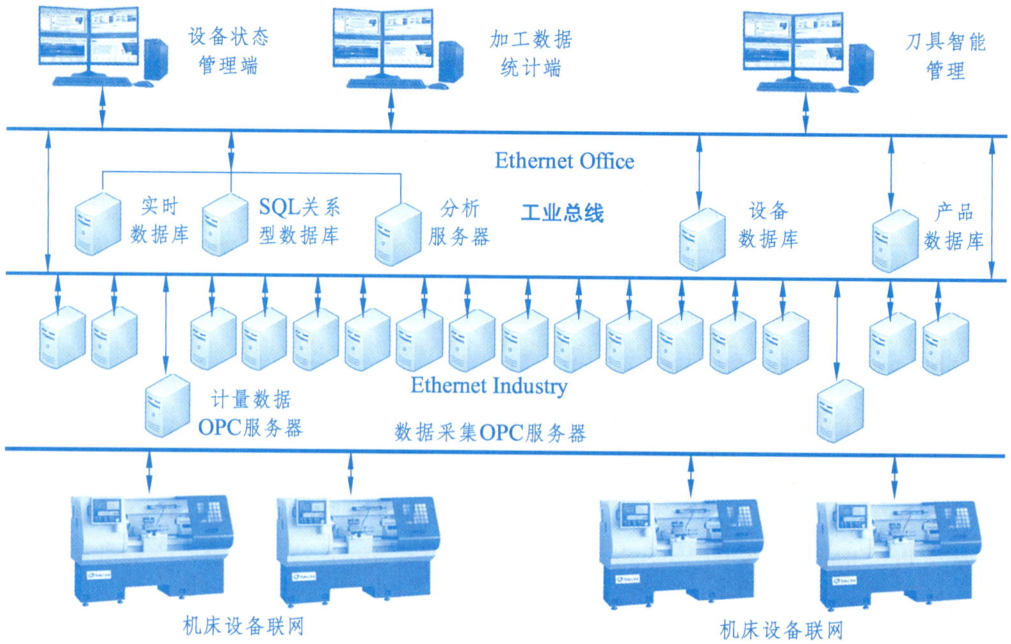

图 1.3　智能综合管理系统

模块二 数控立式车床简介

一、数控立式车床的型号参数（表 2.1）

表 2.1 数控立式车床的型号参数

参数	单位	规格
最大旋转直径	mm	ϕ500
最大切削直径	mm	ϕ350
最大切削高度	mm	250
主轴转速	r/min	50 ~ 2 500
主轴轴承直径	mm	ϕ100
主轴鼻端		A2-8
刀塔型式		卧式
刀具数量	pcs	8
刀具尺寸	mm	□25，ϕ40
X 轴行程	mm	− 50； + 200
Z 轴行程	mm	450
X 轴快速位移	m/min	12
Z 轴快速位移	m/min	24
主轴电机 FANUC	kW	β30　15/18.5
X 轴伺服电机 FANUC	kW	β12　3
Z 轴伺服电机 FANUC	kW	β22　4
液压电机	kW	2.2
切削油电机	kW	0.5 + 1
机床外观（长 × 宽）	mm	2 950 × 1 480
机床高度	mm	2 480
机床净质量	kg	4 500
总用电容量	kV · A	30

FANUC 0i-TF 控制器标准功能：

（1）控制轴数：2 轴（X/Z 轴，最大可扩展至 4 轴）。

（2）联动轴数：2 轴（X/Z 轴，最大可扩展至 4 轴联动）。

（3）最小设定单位：0.001 mm。

（4）增量进给 x1、x10、x100。
（5）快动百分率 F0%，F25%，F50%，F100%。
（6）英制/公制切换。
（7）快速定位“G00”。
（8）直线插补“G01”。
（9）圆弧插补“G02”/“G03”。
（10）螺纹切削“G32”。
（11）坐标系设定/主轴最高转数设定“G50”。
（12）8.4 英寸液晶彩色显示屏幕。
（13）手轮进给（最大 2 个）。
（14）“G17”“G18”“G19”平面选择。
（15）主轴倍率 50% ~ 120%。
（16）原点复归“G28”。
（17）原点复归确认“G27”。
（18）第二参考点复归“G30”。
（19）机械锁定。
（20）暂停“G04”。
（21）存储行程检测 1、2、3。
（22）超程报警。
（23）位置开关功能。
（24）异常负载检知。
（25）时间显示。
（26）MDI 运行。
（27）程序号 O4 位数。
（28）单节执行。
（29）反向间隙补偿。
（30）程序再启动。
（31）自动运行（存储器）。
（32）紧急停止功能。
（33）实际速度显示功能。
（34）当前位置显示。
（35）快速进给/切削进给补偿。
（36）图形对话输入。
（37）倒角 ON/OFF。
（38）自动刀具补偿。
（39）刀具直径及半径补偿。
（40）刀具几何、磨损补偿。
（41）单一型固定循环“G90”“G92”“G94”。
（42）复合式固定循环“G70”~“G76”。

（43）每分钟进给率“G98”。
（44）每转进给率“G99”。
（45）主轴线速控制“G96”。
（46）主轴转速控制“G97”。
（47）M8 位数辅助功能。
（48）工作时间/零件数数显示。
（49）S5 位数主轴功能。
（50）T7 + 1/T6 + 2（刀具选择 + 刀具偏置号）功能。
（51）刀具补偿个数 64 个。
（52）刀具偏置值计数器输入。
（53）程序存储容量 512 KB。
（54）可编辑的程序 400 个。
（55）选择程序段跳过 9 个。
（56）伺服波形显示。
（57）维修信息显示。
（58）语言显示中文。
（59）PMC 功能，梯形图最大步数 24 000（A 包）。
（60）嵌入式以太网。
（61）RS 232。

二、数控立式车床的主要配置（见表 2.2）

表 2.2　数控立式车床的主要配置

项　目	主要配置规格及技术参数		备　注
数控系统	FANUC 0i-Mate-TD		中文界面显示
伺服电机	主电机	β30/6000	
	X 轴伺服电机	β12/3000	
	Z 轴伺服电机	β22/6000	
主轴	主轴端部型号	A2-8	整体套筒式
	主轴转速/（r/min）	50 ~ 2 500	
	主轴额定扭矩/（N · m）	270	
	液压卡盘/in	10	平推式
	卡盘油缸	MS-125	
导轨	X 轴直线导轨	NRS35LR2SSCOE + 920LP-Ⅱ	滚珠
	Z 轴直线导轨	NRS35LR2SSCOE + 1160LP-Ⅱ	滚珠
丝杠	X 轴滚珠丝杠	R32-6B2	
	Z 轴滚珠丝杠	R32-12B2	

续表

项　目	主要配置规格及技术参数		备　注
轴承	丝杠轴承	25TAC62	
联轴器	丝杠联轴器		
刀塔	液压卧式刀架	8 工位	E 型刀塔
润滑装置	自动润滑泵	裕祥	
液压元件	油压马达	东元、大同	
	泵浦	丰兴、NACHI	
	电磁阀	丰兴、市贩	
	油压分度马达	NOP	
电气元件	变压器	380 V/50 Hz	
	CNC 控制器	FANUC	
	继电器	OMRON	
	无熔丝开关	施耐德	
	电磁开关	三菱、立石	
控制柜制冷	空调式		
自动门组	气动		
排屑器	链板式		含铁屑车
油水分离机	圆盘式		
烟雾收集器			
冷却冲屑	1. 刀塔冷却水；2. 机床底部冲屑；3. 工件/工装冲屑		
防护	全防护	无漏水/漏油	

三、数控立式车床的特性

（1）机床均采用高级铸铁制造而成，经适当退火处理，消除内应力，材质坚韧，加上箱型结构设计，提高机体刚性，使本机具有足够的刚性及强度，整机展现耐重切削能力和精度高的特性。

（2）底座与主轴箱为一体式箱型结构，采用厚筋壁及多层筋壁设计，可有效抑制热变形，并能受静、动态扭曲及变形应力，确保床身高刚性和高稳定性。

（3）立柱为蜂巢式对称箱型结构，内部采用厚壁式筋条及消除内应力圆孔式筋条设计，可为滑台提供在重切削时的强大支撑力，确保床身高刚性、高精度。

（4）本机采用 FANUC 大马力主轴伺服电机（功率 15/18.5 kW）和高精度、高刚性的主轴头。

（5）主轴轴承选用 SKF NN 系列轴承，该轴承能提供超强的轴向、径向负荷，可确保长时间重切削的质量，有极佳的精度、稳定性、低摩擦、良好散热性及主轴支撑刚性。

（6）X/Z 轴采用 FANUC 交流伺服电机与大直径滚珠螺杆（精度 C3 级，采预拉方式，可消除热膨胀，提高刚性）直接传动，无皮带传动的累积误差，重复定位精度高，支撑用轴承采用高精度的斜角滚珠轴承。

X/Z 轴采用高刚性、低摩擦系数的超重荷线性滑轨，能实现高速进给，更能降低导轨磨损，延长机床精度寿命。此种线性滑轨摩擦系数小，快速响应性高，可满足高加工精度要求，也可实现高负荷切削。

模块三 机械手自动化生产线简介

一、机械手自动化线概述

（一）整体布局（见图 3.1）

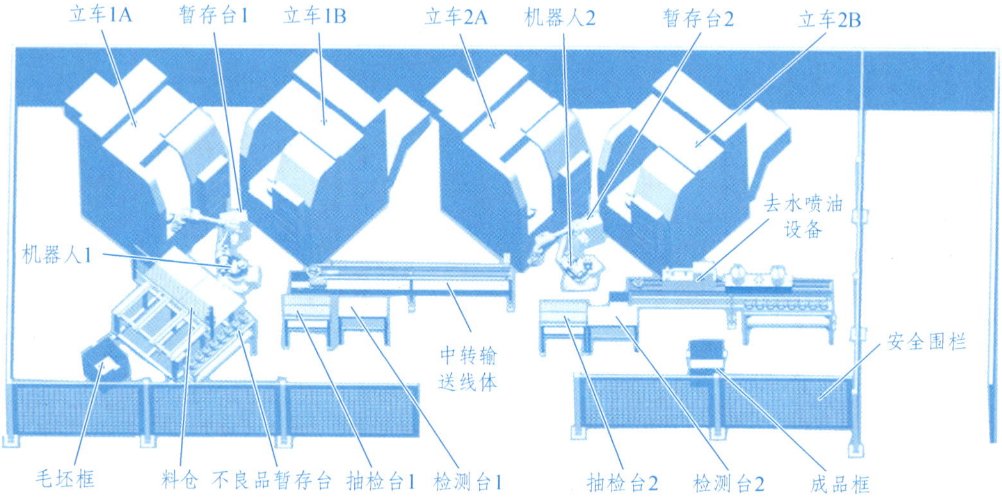

图 3.1　机械手自动化生产线整体布局

（二）整体流程（见图 3.2）

（三）运行模式

（1）“自动”模式：该模式下两台机器人相互独立，互不干扰，即一台机器人因故停机，另一台机器人仍可与相应的机床正常作业；一工序中一台机床因故停机，另一台机床仍可与相应机器人进行自动化作业。

（2）“单机”模式：换刀或调刀时，启动“单机”模式，相应的机器人停止作业，机床可进行单独作业。取消“单机”模式后，自动进入“自动”模式。

二、STEP 机器人概述

STPE 机器人是一种模拟人手臂、手腕和手动能的机电一体化装置，可以对物体运动的位置、速度、加速度进行精确控制，从而完成某一工业生产的作业要求。

STPE 机器人系统由机械本体、控制柜、示教器及连接线缆组成，如图 3.3 所示。STPE 机器人产品系列如图 3.4 所示。

控制柜：完成机器人控制功能，是决定机器人功能和水平的关键部分。

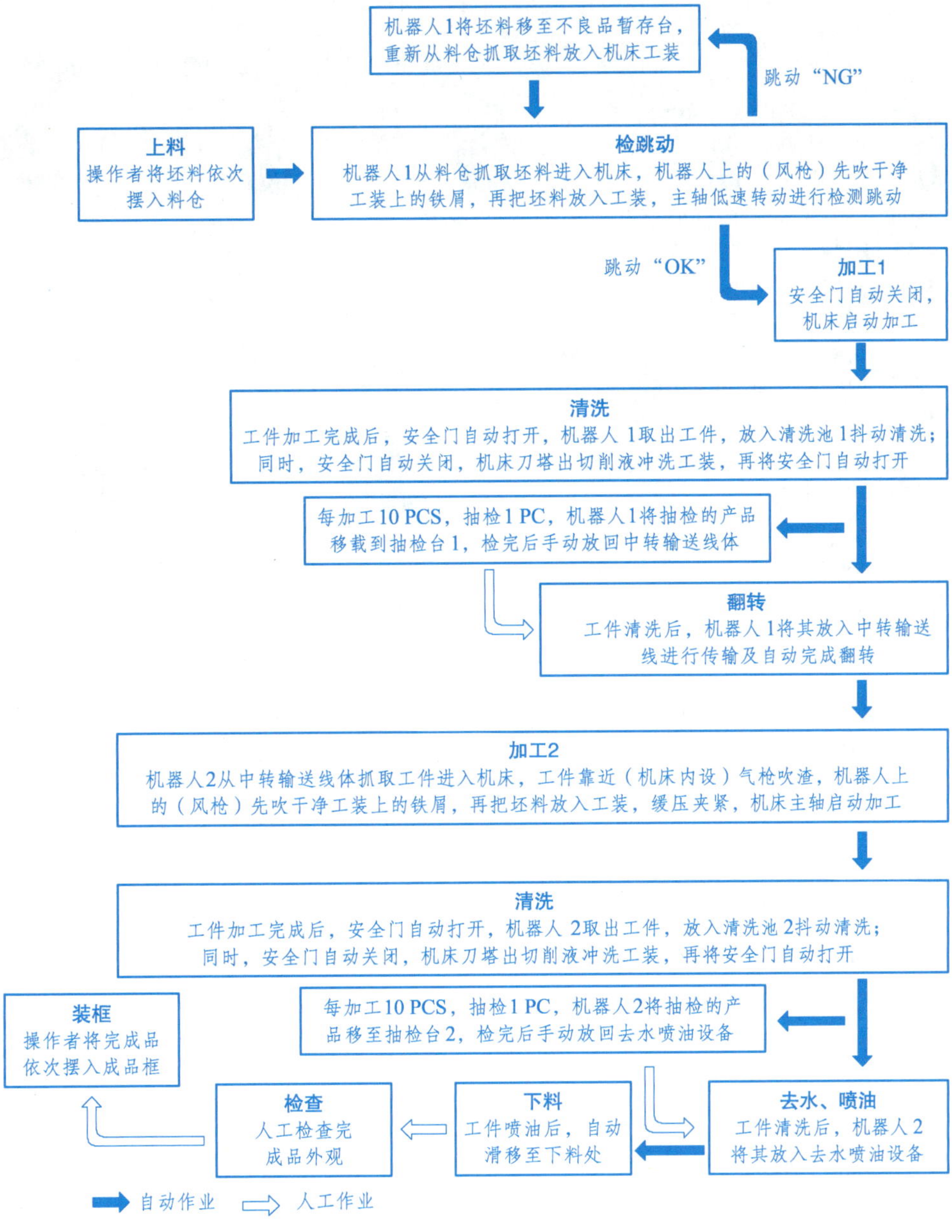

图 3.2　机械手自动化生产线整体生产流程

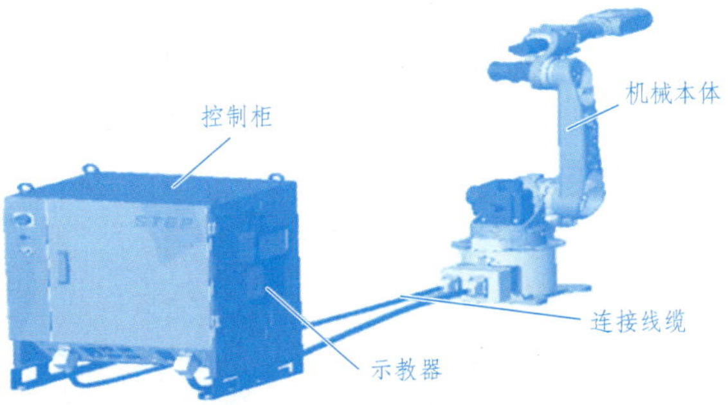

图 3.3　STPE 机器人系统

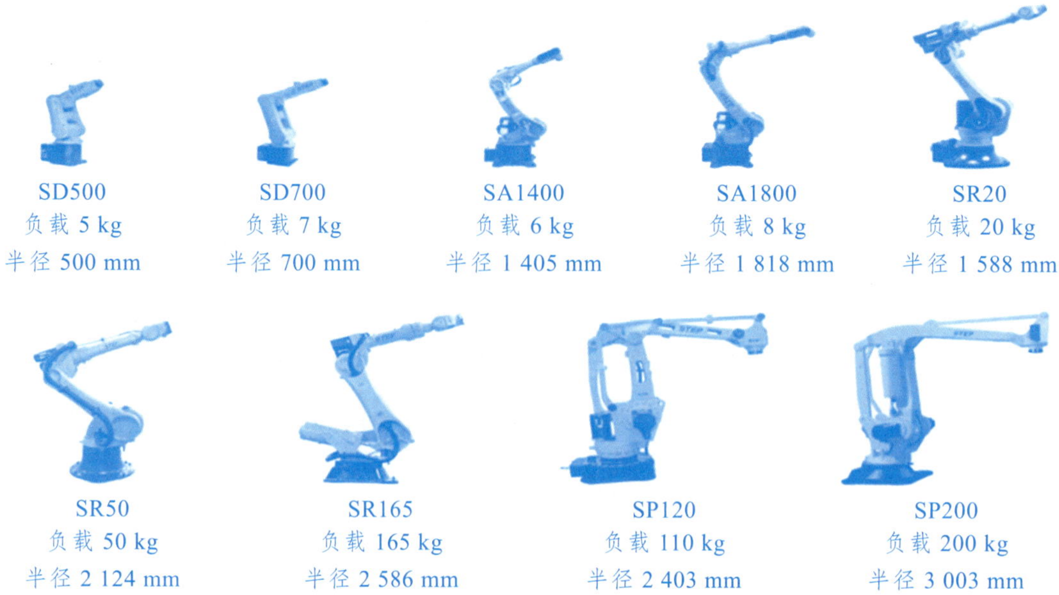

图 3.4　STPE 机器人产品系列

机械本体：用于完成各种作业任务的机械主体，主要包括机械臂、驱动装置、传动单元以及内部传感器等。

示教器：机器人的人机交互接口，操作者可通过它对机器人进行示教或者手动操作机器人移动。

连接线缆：包括动力线缆、编码器线缆。

（一）机器人 SR20 简介

SR 系列通用机器人的外形结构紧凑，各关节均安装了高精度减速机，高速的关节速度能在狭小的工作空间内进行灵活的作业，可以进行搬运、码垛、装配、机床上下料等作业，拥有灵活的安装方式。

（二）机器人 SR20 的特点

采用模块化的机械结构设计，工作空间大，重复定位精度高，性能稳定，运行速度快，通用性能佳。

SR20 特性：结构轻巧，有效负载为 20 kg，最大工作半径为 1 718 mm，腕关节采用高精度减速机。

（三）机器人 SR20 的应用

机器人 SR20 常用于以下场景：

（1）物料搬运、码垛。

（2）装配。

① 更大的灵活性、更稳定的性能，更低的能耗。

② 具有高速性能的最大化吞吐量。

③ 超长的工作运行时间。

④ 稳定的自动化。

⑤ 较大的工作区域。

（3）切割、打磨、去毛刺、清洗、抛光、水切割等加工应用。

（4）机床上下料。

① 运行精度高。

② 结构紧凑，适合在狭小空间内作业。

（四）机器人 SR20 的工作空间

机器人 SR20 的工作空间如图 3.5 所示。

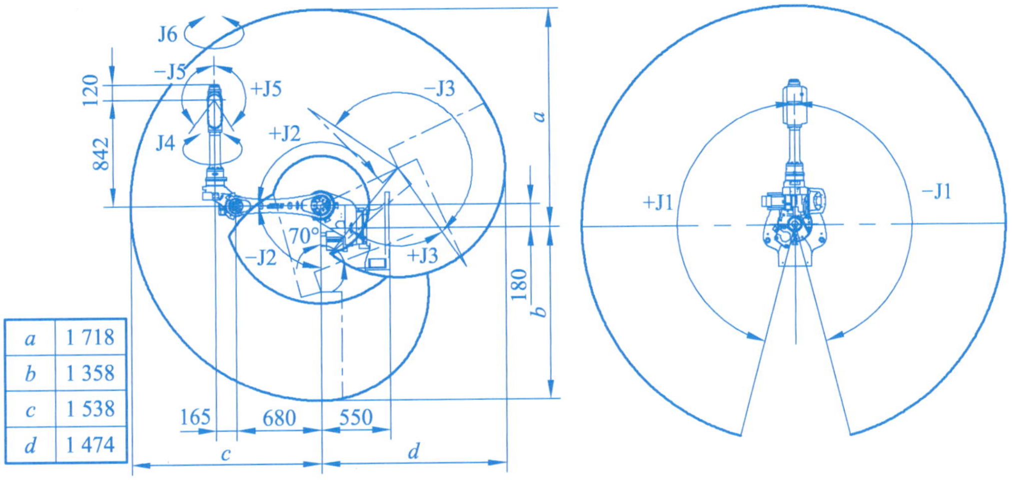

图 3.5　机器人 SR20 工作空间

（五）机器人 SR20 的技术指标

机器人 SR20 的技术指标见表 3.1。

表 3.1　机器人 SR20 技术指标

项　目		参　数
手腕额定负载/kg		20
最大工作半径/mm		1 718
自由度		6
关节速度/（°/s）	J1	170
	J2	170
	J3	152

续表

型　号		参　数
关节速度/（°/s）	J4	350
	J5	333
	J6	600
关节范围/（°）	J1	±165
	J2	+155～−90
	J3	+75°～−200
	J4	±360
	J5	±120
	J6	±360
关节允许负载力矩/（N·m）	J4	50
	J5	50
	J6	19.6
关节允许负载惯量（$kg\cdot m^2$）	J4	1.6
	J5	1.6
	J6	0.8
质量/kg		235
重复定位精度/mm		±0.05
环境温度/°C		0～40

三、辅助流水线组合模块

（一）料　仓

（1）结构方式：固定式、抽屉式（两组）。

（2）工位数：32。

（3）工位承装：2件工件/工位。

（4）装料：机器人1在作业同时可以往料仓装坯料。

（5）安全性：料仓设有安全护栏，将机械手取料区和人工上料区隔开。

（6）可靠性：料托推到位，设有感应装置；料托取空时，设有提示上料装置。

（7）操作性：料托取空时，料托自动推出，料托装好料后；启动料托自动推回，或作业员辅助推动，也可考虑装设气缸、电机等进行辅助，同时考虑设装缓冲装置。

（8）防呆性：料托底板设有放料位置凹位，可直接目视放料的位置。

（二）中转输送线体

（1）部件包含：传输线、翻转机构。

（2）传动方式：采用倍速链网传输带，设有感应装置，线体上停满工件时，工序 1 的全部设备暂停工作，并提示报警可以考虑用三色灯和声音。

（3）传动速度：10 ~ 50 mm/s（可以根据实际情况做调整）。

（4）线体承载：75 kg 以上。

（5）翻转机构实现工件在线体上自动“翻转”，翻转机构的电机部件设置在靠机床侧。

（6）线体头端带有清洗池（带有水阀开关，便于更换池水，同时考虑能方便清理池内铁屑）。

（7）线体尾端设有推料装置，保证工序 2 机械手取料定位准确。

（8）线体下方带有接油水托盘，托盘便于清理。

（三）产品跳动检测装置

（1）检测目的：主轴旋转时检测工件（毛坯）的外圆跳动，检出毛坯偏心的不良品。

（2）检测方式：红外线感应。

（3）检测精度：不大于 0.5 mm。

（4）检测位置：工件（毛坯）外圆（外圆有缺口），检测时要规避外圆缺口。

（5）装置安装方案：检测装置装在机械手臂上。

（6）装置防护：检测时，机床刀塔和主轴上面的挡板会有水掉落；吹工装时，会有水花飞溅。应注意考虑环境对测头灵敏度和寿命的影响。

（四）去水喷油自动设备

（1）部件包含：传输线、热风结构、喷油结构、工件暂存线体、油雾收集器。

（2）传动方式：传输线体采用动力传动（链网传输带），工件暂存线体采用无动力传动（滚筒传输带）。

（3）传动速度：2 ~ 20 mm/s（可以根据实际情况做调整）。

（4）工件暂存线体：采用折回线体输送结构，缩短整个线体的长度；线体下方设有接油托盘，线体可承放工件 8 件以上，线体上停满工件时，工序 2 的全部设备暂停工作，并提示报警（可以考虑用三色灯和声音）。

（5）去水方式：风刀（压缩空气）式，风刀错位置于前端的顶部与底部，带装空气油水分离器；效果达到整个工件表面没有目视可见的水珠/水雾。

（6）喷油方式：喷雾式（油膜覆整个工件表面）。

（7）喷油装置：油罐 + 压缩空气 + 喷油嘴（油罐的储油量至少够一个班使用，带装空气油水分离器，喷油嘴的流量可调节）；或者使用泵机供油。

（8）油雾收集器：装于喷油段线体，吸除线体内的油雾。

线体承载：75 kg 以上

（9）回收性：去水段线体和喷油段线体分别设有水、油回收托盘，其中去水段线体托盘的设计高度要低，以免托盘的水被吹溅起。

（10）密封性：去水、喷油时防止水和油溅出线体外面，特别是线体的端口（4 处）。

（五）产品测量平台

（1）部件包含：抽检台（2 个）、量具作业台（2 个）、不良品暂存台（1 个）。

（2）测量平台要满足人机工程学，适宜操作者作业。

（3）抽检台：设有 2 组通道（1A、1B），抽检工件摆放时 1A 号机床的工件对应摆在 1A 通道，台面下方设有接水托盘，摆放紧靠清洗池，抽检工件清洗后再放到抽检台。

（4）抽检台的通道为无动力输送，通道的末端工位设在机械手的行程范围之外。

（5）抽检台上有待检产品时，发出提示信息，抽检台各组通道当工件堆积放到第 3 个工位时，发出报警信息（可以考虑用三色灯和声音），但不涉及机器人停机。

（6）不良品暂存台：设为无动力输送的线体，长度可容纳 8 个以上产品，台面下方设有隔板，当线体产品堆积到倒数第 3 个工位时，发出报警信息（可以考虑用三色灯和声音），但不涉及机器人停机。

（7）量具作业台有：测量台面（规格：长 700 mm、宽 300 mm、高 800 mm），量具放置处，贴（挂）工艺卡/点检表/检验记录表之处，支脚装有自锁式的滑轮，台面下方设有隔板。

（六）暂存台

（1）暂存台共用于同工序的 2 台机床，即台面有 2 个工位。

（2）台面中部设有漏水、漏渣功能，同时要考虑台面的承重及撞击；四周设有小折边，防止水外流。

（3）台面下方设有接水、接渣的托盘，设为抽屉式（装有自锁式的滑轮），便于清理。

（七）安全防护栏

（1）机械手行程范围内与人员作业交集的地方设有安全挡板。

（2）布置区域设为防护栏，高于 1.5 m。

（3）在进入机械手作业区域之处，设有“安全门”，机械手停止工作时方可打开“安全门”。

（八）安全保护

（1）急停开关：设置 3 处急停开关（料仓、测量台 1 处、测量台 2 处），每处急停开关都含有 2 个（1 个急停机器人 1 及其关联的机床，1 个急停机器人 2 及其关联的机床），急停开关贴有醒目的编号。

（2）感应开关：各线体、装置所安装的感应开关都要设定自锁功能，当感应开关失效时，所对相关的线体、装置进行入锁定停机状态。

模块四　智能综合管理系统简介

一、系统硬件配置

智能综合管理系统的硬件配置见表 4.1。

表 4.1　系统硬件配置

序号	配置名称	品牌	规格/型号
1	交换机	华为	S1720-20GFR-4TP 32 口千兆网管交换机
2	服务器	戴尔（DELL）	（E5-2620 V4×2/16G×2/4T　SAS×3/H730-1G 缓存/DVDRW/750W 双电/导轨）
3	录像机	海康	16 路录像机
4	监控专业硬盘	华硕	4T 专业录像硬盘
5	摄像机	海康	300 万像素
6	机柜	SIGER	1.2 米标准机柜（一体化机柜）
7	显示大屏	创维	55 英寸
8	Fanuc 系统联网（网络布置）	SIGER	FANUC 系统联网，完成状态及参数数据采集（布置光纤）

二、系统软件模块

（一）设备联网统一化管理模块

设备数据提取：SIGER MDA，支持网口和串口通信，支持市面绝大多数数控操作系统；数据采集对象包含机床操作方式、机床程序运行状态；主轴数据、转速数据、进给数据、轴数据；加工数据、生产数量数据；当前执行的程序号、当前使用的刀具；报警代码、报警和信息内容等；此外，还可采集机床主轴的高频负载数据、刀位数据、程序运行步骤数据等。

DNC 机联网程序管理：

（1）SIGER DNC 设备联网管理系统，通过设备数控系统与控制计算机的连接，实现数控程序的远程上传、下载、关联、调用、回传等功能，还可以实现 DNC 程序对比分析。

（2）控制计算机端可以实时记录数控程序的变化点，实现数控程序的追溯，所有的操作都基于授权完成数据的流通。

（3）DNC 提供 SQL API 接口，支持多种传输转换方式，支持 ERP/MES 及其他系统对接。

（二）工业管理看板模块

基于与设备的通信连接，采集设备底层数据，可以提供丰富的状态展示及数据分析及异常监控看板，内容涉及设备运行状态、生产状态预览、生产参数监控、参数异常汇总、产量统计、工单计划情况、生产报工情况、设备报警情况，并且可根据运营指标轻松导出报表数据，数据集中本地管理，随时调用。

（三）设备运行状态实时汇总模块

基于与设备的通信连接，采集设备运行状态及程序状态数据，结合对其的逻辑判断，实时展示设备运行状态，并且在时间轴的维度上记录历史数据，展示设备运行切片图，可对历史数据进行分析，展示自定义报表，综合反映设备周期表现。

设备加工时间实时监控：记录设备加工开始、结束的时间，实时展示、记录设备的加工节拍及相关产量。节拍和产量数据可以和目标及实际做对比。通过提取设备的报警代码状态，记录设备报警状态的历史记录，做到精准数据分析。

设备运行表现自动评价：机床状态监测、设备开机监测、故障履历等。

（四）生产数量统计——工单追踪模块

工单追踪模块可实现流水线数据看板监测、产品生产数量汇总统计，可生成报表，辅助决策，数据实时更新。根据已经设置好的生产计划及实时报工的情况，实时监控生产执行情况，亦可对历史生产报工的执行情况及生产计划的完成情况进行分析，生成自定义报表。

（五）设备智能维修模块

西格 TPM 管理软件，提供移动化、平台化的设备维护管理服务，主要功能包括计划维修、应急维修、维修指标实时统计、设备故障汇总分析、设备预防性维修、历史维修记录追溯。整个报修流程可通过二维码扫码报修，只需 15 s 完成，并且 PC 端和手机端可同时操作。

（六）视频监控系统模块

通过通信网络，在教室可以看到生产现场的视频。安装全方位摄像头，实时监控现场生产视频，可通过通信，在教室内看到监控视频，完成教学。

三、智能管理系统的功能范围

智能管理系统的功能范围见表 4.2。

表 4.2　智能管理系统的功能范围

序号	模块	功能描述	主要功能点
1	系统管理	提供用户登录、系统更新、用户权限管理	系统登录、用户管理、权限管理、日志管理、各类提示信息维护
2	基础数据管理	提供系统所需基础数据信息维护功能	产线数据、人员配置数据、班次数据维护；生产工单数据、设备状态数据等；设备报警数据、设备参数异常数据、设备过程切片分析数据等

续表

序号	模块	功能描述	主要功能点
3	状态监控管理	提供设备状态管理功能	设备开机、关机、报警、待机等不同状态实时监控
4	产量统计管理	提供设备加工数量数据	提供设备不同程序号条件下对应的加工数量数据
5	参数监控管理	提供设备参数监控管理	设备参数异常统计、状态监控、设备参数临界设置
6	设备效率分析	提供设备效率分析	设备 CT 和设备可用性 UT 监控
7	生产切片分析	提供设备过程切片分析	设备时间构成分析，包含故障、等待、编辑、运行等不同状态切片
8	生产数量统计	提供设备产量统计和工单追踪	设备产量基于程序号的数量统计，并提供接口和工单进行对接
9	设备故障管理	提供设备故障状态管理	设备故障代码采集和时间统计分析
10	DNC 管理	提供程序管理模块	设备程序预览，程序上传、下载、对比分析等服务
11	接口	提供系统与加工设备的接口	接收自动扫描设备数据，接收加工设备的状态，接收加工设备的刀具状态结果判定、设备加工结果/设备信息系统接收、主轴负载接收

第二部分　智能制造生产线实操

模块五　加工产品简介

一、产品说明

智能制造生产线所加工的产品是一款空调涡旋压缩机机架（AA5 机型）（图 5.1）。涡旋压缩机（图 5.2）是一种容积式压缩机，压缩部件由动涡旋盘和静涡旋组成。其工作原理是利用动、静涡旋盘的相对公转运动形成封闭容积的连续变化，实现压缩气体的目的。其中，机架与静涡旋盘形成压力腔并引导动涡旋盘偏心旋转，达成动、静涡旋盘的相对公转运动。机架是空调涡旋压缩机的三大铸件之一，其材料牌号是 HT250，硬度 170 ~ 241 HB。智能制造生产线完成机架的车削部分，其加工难点在于车削过程为断续切削。

图 5.1　AA5 机架

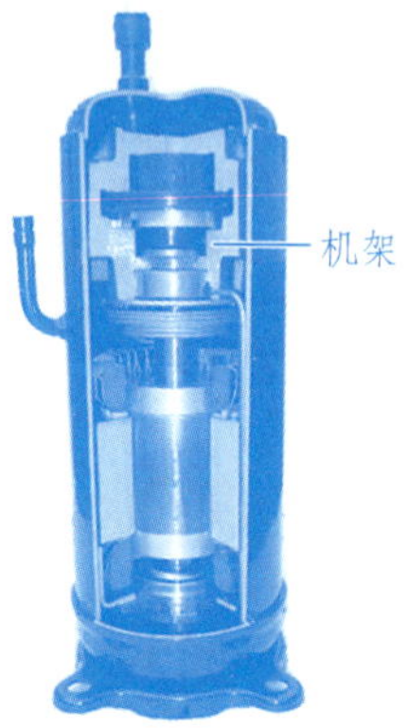

图 5.2　空调涡旋压缩机

二、产品图纸

零件的毛坯如图 5.3 所示，精加工如图 5.4 所示。

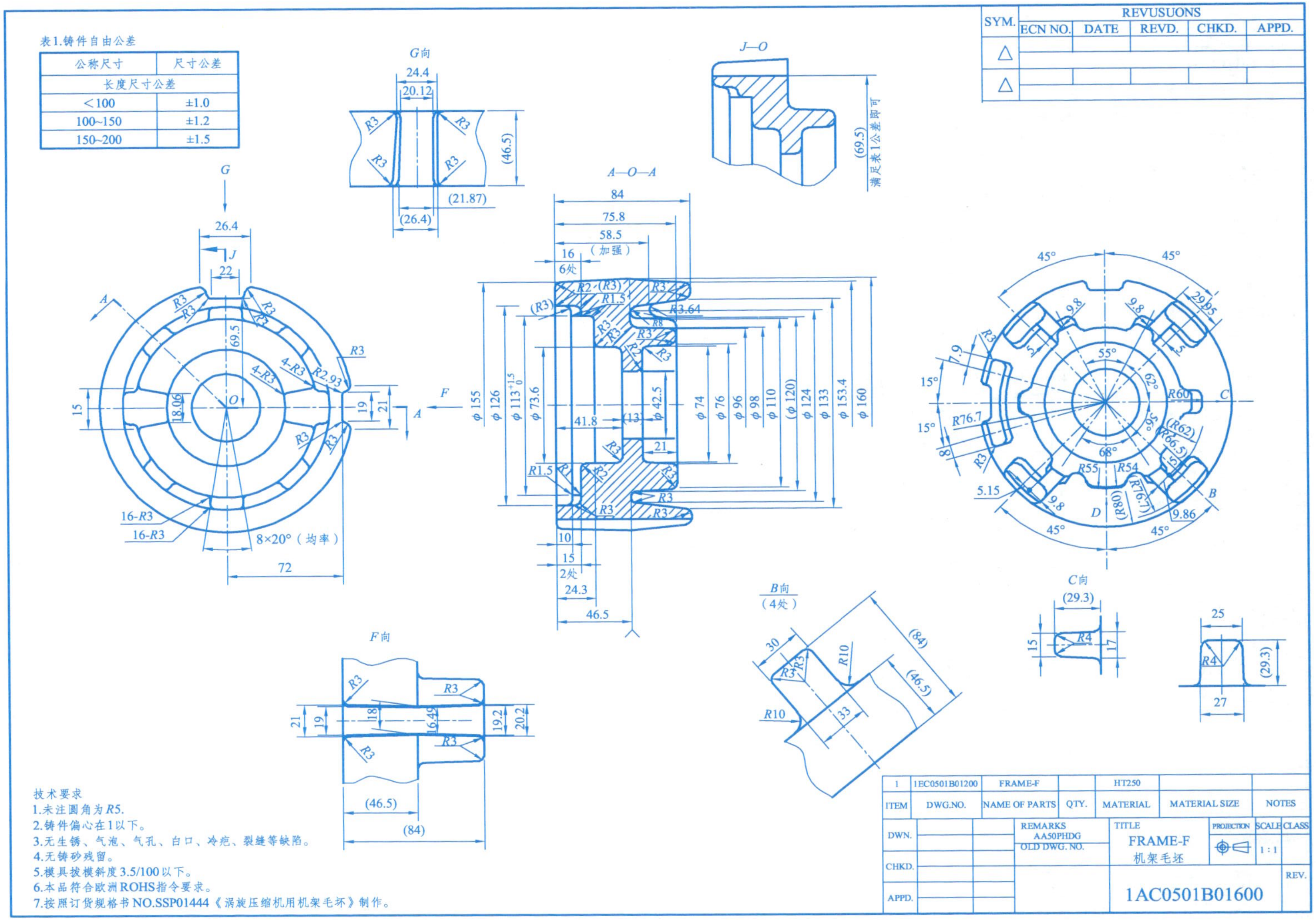

表1.铸件自由公差
公称尺寸 | 尺寸公差
长度尺寸公差
<100 ±1.0
100~150 ±1.2
150~200 ±1.5
G向
J—O
满足表1公差即可
A—O—A
F向
B向（4处）
C向
8×20°（均率）
技术要求
1.未注圆角为R5.
2.铸件偏心在1以下。
3.无生锈、气泡、气孔、白口、冷疤、裂缝等缺陷。
4.无铸砂残留。
5.模具拔模斜度3.5/100以下。
6.本品符合欧洲ROHS指令要求。
7.按照订货规格书NO.SSP01444《涡旋压缩机用机架毛坯》制作。
SYM. REVUSUONS ECN NO. DATE REVD. CHKD. APPD.
1 1EC0501B01200 FRAME-F HT250
ITEM DWG.NO. NAME OF PARTS QTY. MATERIAL MATERIAL SIZE NOTES
DWN. CHKD. APPD.
REMARKS AA50PHDG OLD DWG. NO.
TITLE FRAME-F 机架毛坯
PROJECTION SCALE CLASS 1:1
1AC0501B01600
REV.

图 5.3 零件毛坯

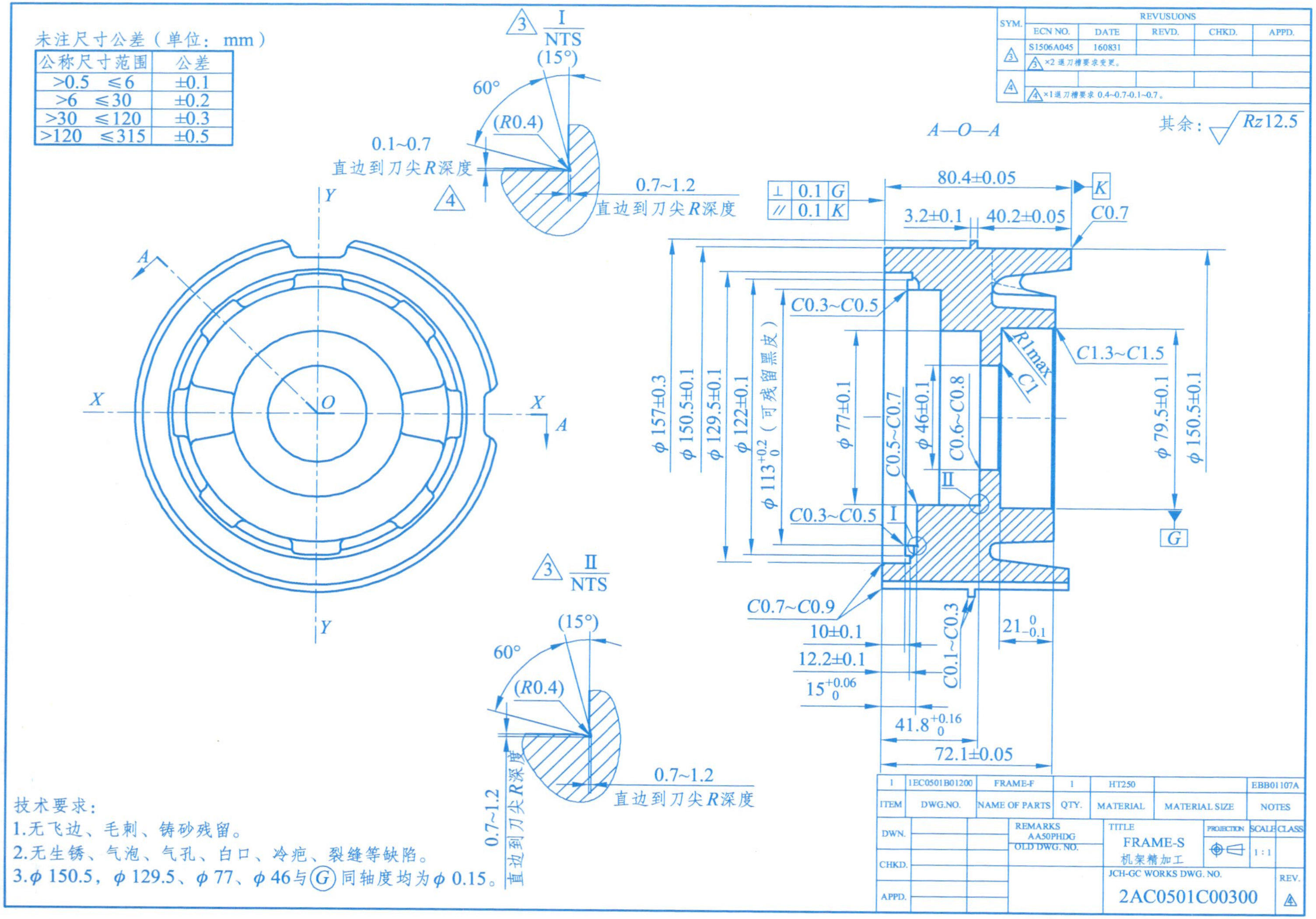
未注尺寸公差（单位：mm）
公称尺寸范围 公差
>0.5 ≤6 ±0.1
>6 ≤30 ±0.2
>30 ≤120 ±0.3
>120 ≤315 ±0.5
3 I NTS
(15°)
60°
(R0.4)
0.1~0.7
直边到刀尖R深度
4
0.7~1.2
直边到刀尖R深度
3 II NTS
A—O—A
其余：Rz12.5
80.4±0.05
3.2±0.1
40.2±0.05
C0.7
⊥ 0.1 G
// 0.1 K
K
G
C0.3~C0.5
C1.3~C1.5
R1max
C1
φ157±0.3
φ150.5±0.1
φ129.5±0.1
φ122±0.1
φ113+0.2 0（可残留黑皮）
φ77±0.1
C0.5~C0.7
φ46±0.1
C0.6~C0.8
φ79.5±0.1
C0.7~C0.9
10±0.1
12.2±0.1
15+0.06 0
C0.1~C0.3
21 0 -0.1
41.8+0.16 0
72.1±0.05
技术要求：
1.无飞边、毛刺、铸砂残留。
2.无生锈、气泡、气孔、白口、冷疤、裂缝等缺陷。
3.φ150.5，φ129.5、φ77、φ46与G同轴度均为φ0.15。
SYM. REVUSUONS ECN NO. DATE REVD. CHKD. APPD.
S1506A045 160831
×2 退刀槽要求变更。
×1退刀槽要求 0.4~0.7-0.1~0.7。
1 1EC0501B01200 FRAME-F 1 HT250 EBB01107A
ITEM DWG.NO. NAME OF PARTS QTY. MATERIAL MATERIAL SIZE NOTES
DWN. CHKD. APPD.
REMARKS AA50PHDG
OLD DWG. NO.
TITLE FRAME-S 机架精加工
PROJECTION SCALE CLASS 1:1
JCH-GC WORKS DWG. NO.
2AC0501C00300
REV.

图 5.4　零件精加工

模块六　产品制造工艺

一、技术要求

图纸是设计的语言。通过读图可以获取图面信息，读懂设计意图。图纸一般包括以下几个部分：

（1）标题栏：图纸的基本信息。

（2）图框周边：图纸区域，未注尺寸公差说明。

（3）视图：产品结构、尺寸标注、形位公差（形状公差、位置公差）、粗糙度。

（4）技术要求（说明）：视图补充说明、引用标准号、热处理要求、表面处理要求、装配要求等。

二、夹具设计

（一）车床介绍

车削加工是机械加工中应有最广泛的一种加工方法。车削加工的主运动是工件的旋转，进给运动是刀具做纵向或横向的直线运动或曲线运动，它的加工特点是车削回转件的表面。

在车床上所使用的刀具主要是车刀，还有钻头、铰刀、丝锥和滚花刀等。车床主要用来加工各种回转表面，如内、外圆柱面，内、外圆锥面，端面，内、外沟槽，内、外螺纹，内、外成形表面，包括丝杆、钻孔、扩孔、铰孔、镗孔、攻丝、套丝、滚花等（图 6.1）。

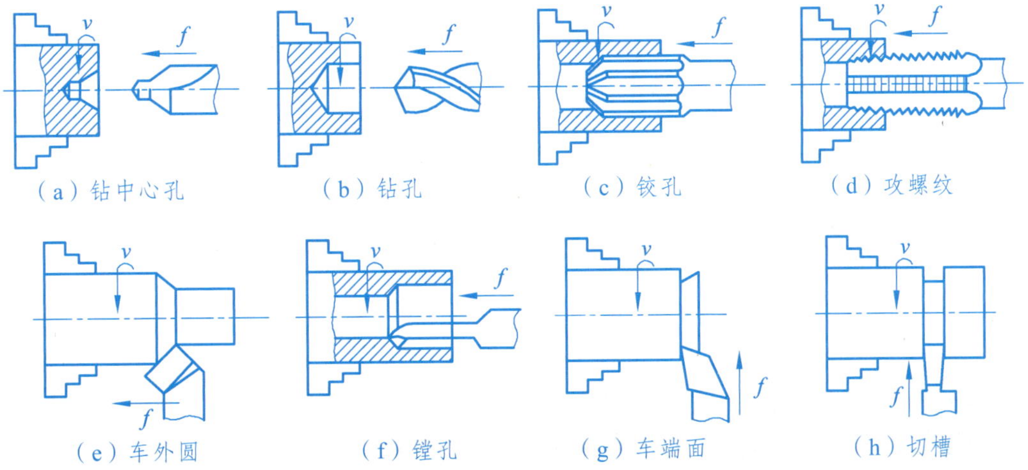

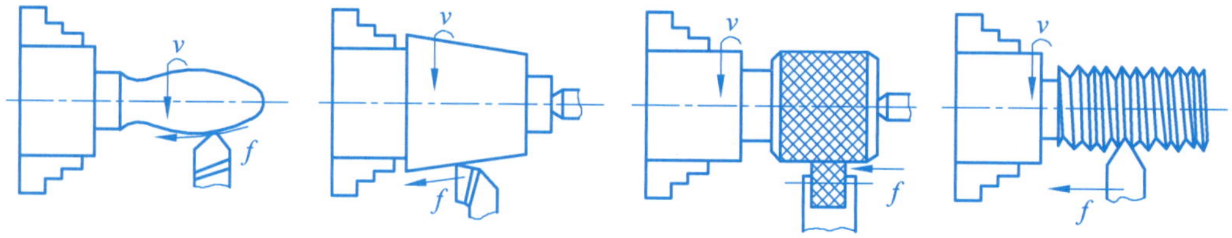

（i）车成型面　（j）车锥面　（k）滚花　（l）车螺纹

图 6.1　车床加工

（二）车床夹具设计原则

机床夹具是由定位元件、夹紧装置、对刀元件，夹具体部分组成，机床夹具设计也就是针对夹具组成的各个部分进行设计，其中定位与夹紧环节是夹具设计的重点。

定位就是确定工件在夹具中的正确位置，是通过在夹具上设置正确的定位元件与工件定位面的接触来实现的。工件的定位有完全定位和不完全定位两种，要根据其具体加工要求而定。欠定位在夹具设计中是不容许的，而过定位则应有条件地采用。

通常，由于定位副制造不准确或采用了基准不重合定位等原因，定位过程中会引入定位误差，定位误差要根据具体情况分析计算。

夹紧是为了克服切削力等外力干扰而使工件在空间中保持正确定位位置的一种手段。夹紧一般在定位步骤之后，有时定位与夹紧是同时进行的，如膨胀式定心夹紧机构。

车、铣、钻、磨等不同的机床其夹具设计具有各自典型特点，应根据具体设计任务，遵循夹具设计要求和步骤进行设计。

1. 工件在夹具中的定位

1）六点定位原理

任何未定位的工件在空间直角坐标系中都具有六个自由度。工件定位的任务就是根据加工要求限制工件的全部或部分自由度。工件的六点定位原理是指用六个支撑点来分别限制工件的六个自由度，从而使工件在空间得到确定定位的方法（图 6.2）。

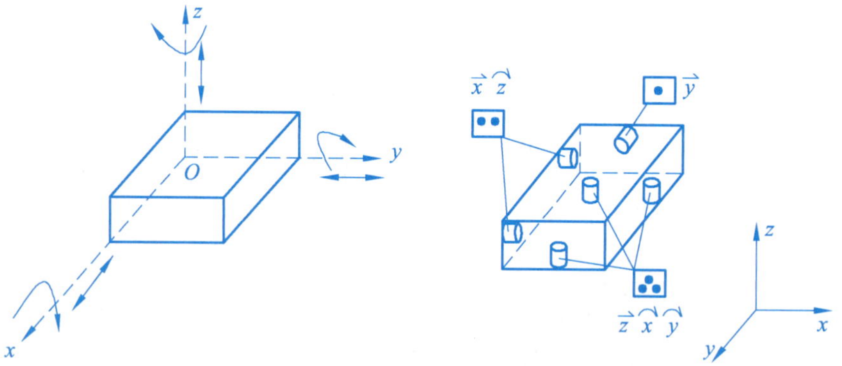

图 6.2　六点定位原理

2）支承点与定位元件

常见典型定位方式及定位元件所限制的自由度见表 6.1。

表 6.1　常见典型定位方式及定位元件所限制的自由度

工件定位基准面	定位元件	定位方式及所限制的自由度
平面	支承钉	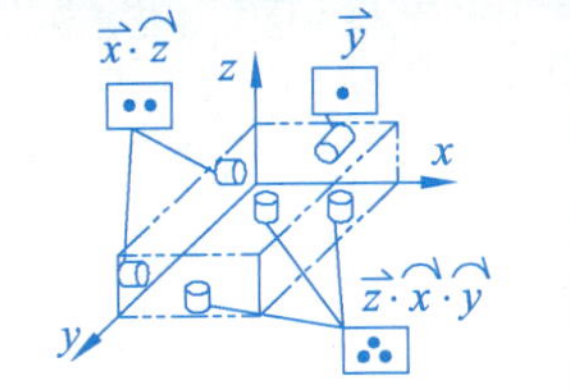
	支承板	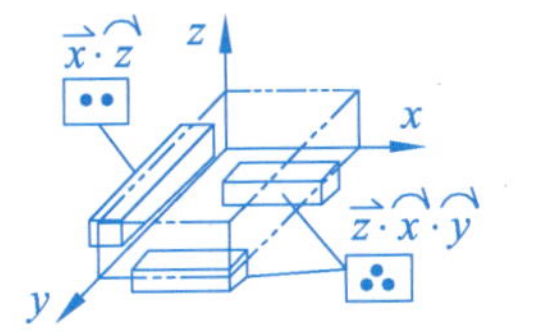
	固定支承与自位支承	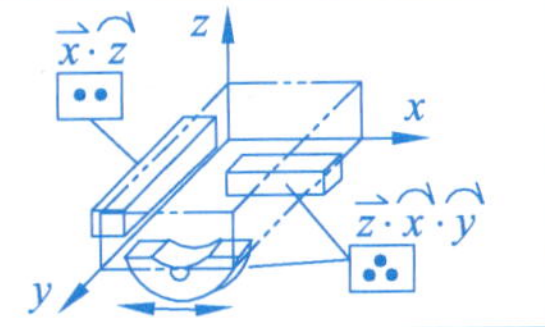
圆孔	锥销	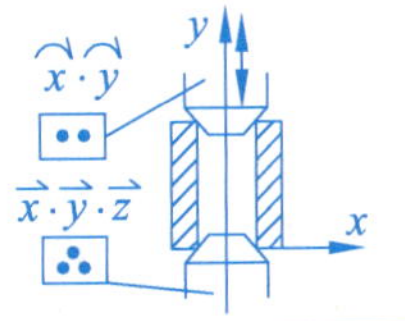
外圆柱面	支承板或支承钉	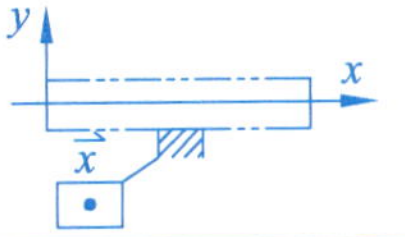
		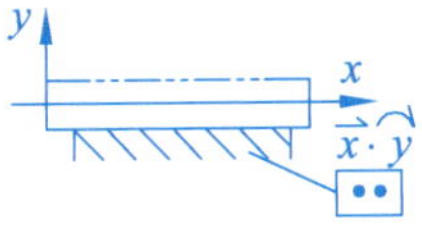
	V 形块	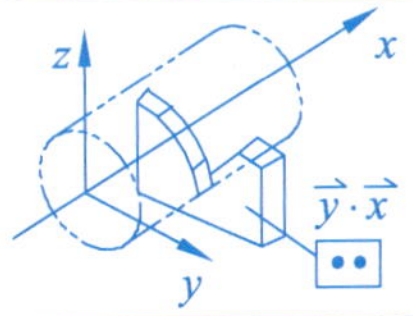
		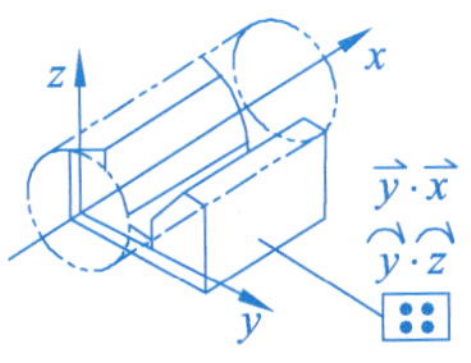

工件定位基准面	定位元件	定位方式及所限制的自由度
平面	固定支承与辅助支承	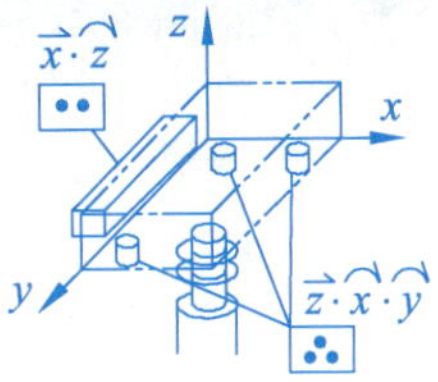
圆孔	定位销（心轴）	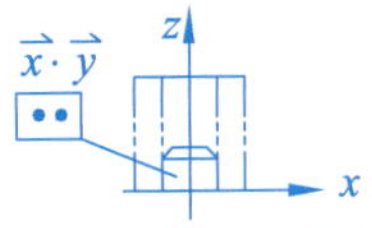
		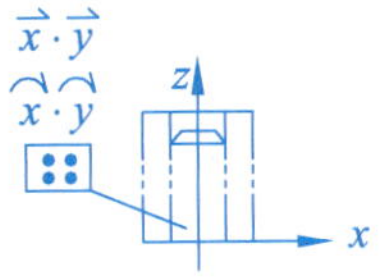
	锥销	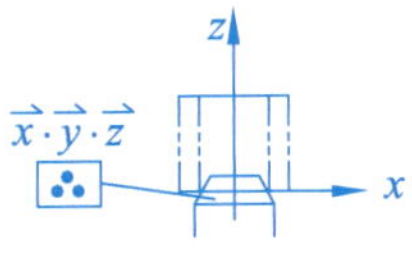
外圆柱面	半圆孔	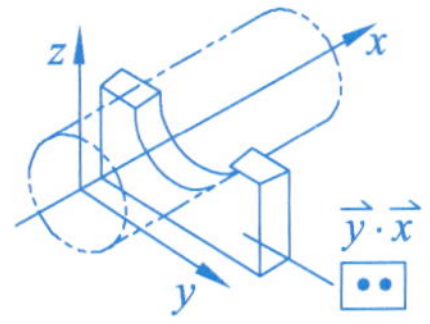
		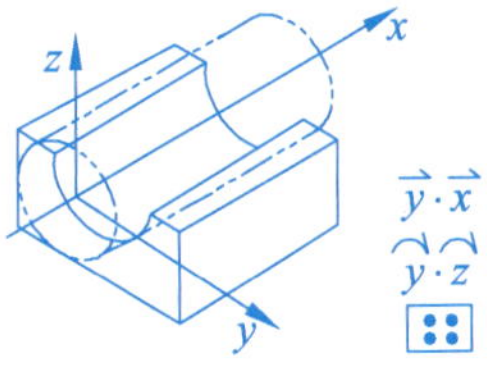
	锥套	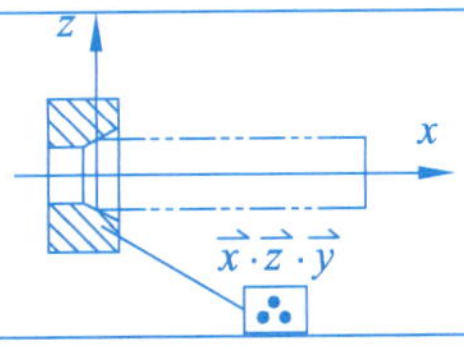
		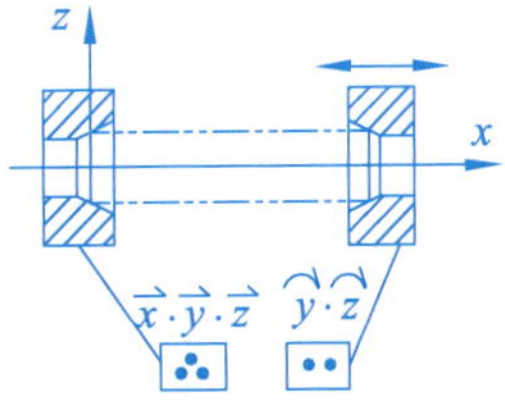

续表

工件定位基准面	定位元件	定位方式及所限制的自由度	工件定位基准面	定位元件	定位方式及所限制的自由度
外圆柱面	V 形块	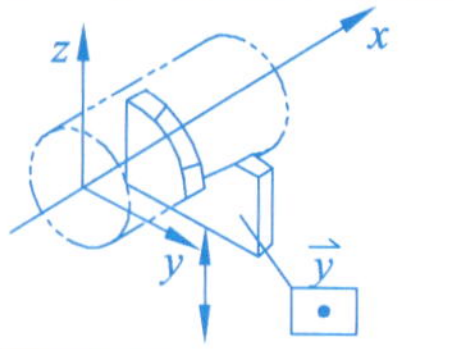	锥孔	顶尖	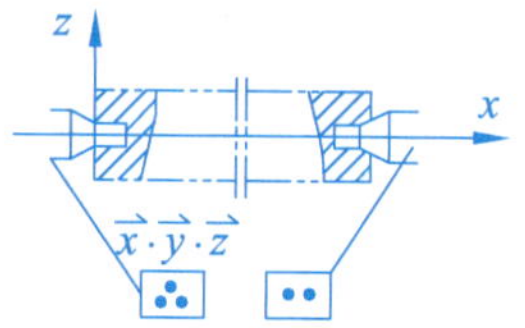
	定位套	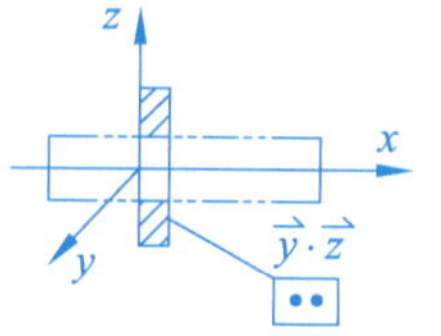		锥心轴	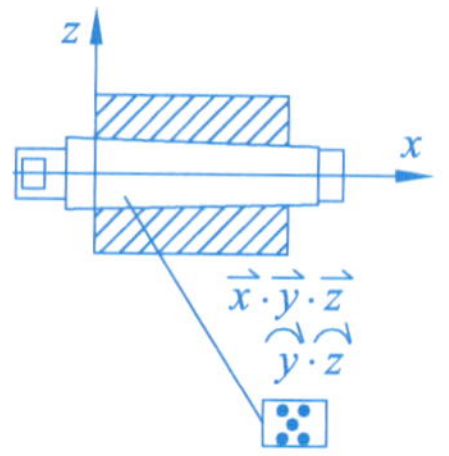
		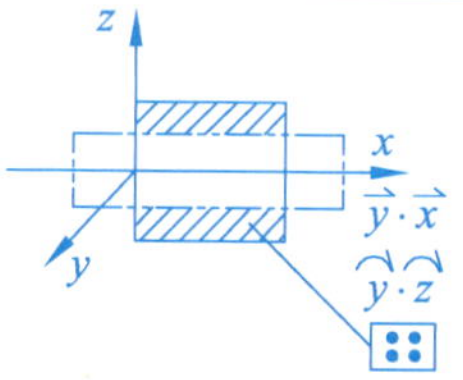			

3）完全定位与不完全定位

工件的六个自由度完全被限制的定位称为完全定位。按加工要求，允许有一个或几个自由度不被限制的定位称为不完全定位。

4）欠定位与过定位

按工序的加工要求，工件应该限制的自由度而未予限制的定位，称为欠定位。在确定工件定位方案时，欠定位是绝对不允许的。工件的同一自由度被两个或两个以上的支撑点重复限制的定位，称为过定位。在通常情况下，应尽量避免出现过定位。

消除过定位及其干涉一般有两个途径：其一是改变定位元件的结构，以消除被重复限制的自由度；其二是提高工件定位基面之间及夹具定位元件工作表面之间的位置精度，以减少或消除过定位引起的干涉。

2. 工件的夹紧

1）夹紧装置

（1）夹紧装置的组成——动力装置、夹紧元件、中间传力机构。

（2）夹紧装置的基本要求：

① 夹紧既不应破坏工件的定位，或产生过大的夹紧变形，又要有足够的夹紧力，防止工件在加工中产生振动。

② 足够的夹紧行程，夹紧动作迅速，操纵方便、安全省力。

③ 手动夹紧机构要有可靠的自锁性，机动夹紧装置要统筹考虑夹紧的自锁性和原动力的稳定性；

④ 结构应尽量简单紧凑，制造、维修方便。

2）夹紧力的确定

（1）确定夹紧力作用方向的原则：

① 夹紧力的方向应使定位基面与定位元件接触良好，保证工件定位准确可靠。

② 夹紧力的方向应与工件刚度最大的方向一致，以减小工件变形。

③ 夹紧力的方向应尽量与工件受到的切削力、重力等的方向一致，以减小夹紧力。

（2）确定夹具力作用点的原则：

① 夹紧力的作用点应正对支撑元件或位于支撑元件所形成的支撑面内。

② 夹具力的作用点应位于工件刚性较好的部位。

③ 夹具力的作用点应尽量靠近加工表面，以减小切削力对夹紧点的力矩，防止或减小工件的加工振动或弯曲变形。

3. 车床夹具的设计要点

由于车床夹具一般是安装在机床的主轴上，随主轴高速旋转，因此对车床夹具的设计有着特别的要求。

1）夹具的回转中心

因夹具随机床主轴旋转，在夹具设计时必须保证夹持工件的加工回转表面的轴心与机床主轴同轴。

2）夹具的结构要紧凑

夹具外轮廓尺寸要尽可能小，重量尽可能轻，夹具重心应尽可能靠近回转轴线，减小惯性力和回转力矩。

3）夹具设计时考虑设计平衡结构

消除夹具回转中可能产生的不平衡现象，以避免振动对工件加工质量和刀具寿命的影响。平衡措施主要有两种，即设置平衡块和增设减重孔。

4）夹具的夹紧力要迅速、可靠

设计时还要注意夹具旋转惯性力可能使夹紧力减少的倾向，为防止回转过程中夹具夹紧元件的松脱，要设计可靠的自锁结构。

5）夹具与车床主轴的定位和连接要准确、可靠

连接轴或连接盘（过渡盘）的回转轴线与车床主轴的轴线应具有尽可能高的同轴度。对于外轮廓尺寸较小的夹具，可采用莫氏锥柄与机床主轴锥孔配合连接；对于外轮廓尺寸较大的夹具，可通过特别设计的过渡盘与机床主轴轴颈配合连接。无论哪一种连接方式都要注意连接牢固，不能产生松动情况。特别要考虑当主轴高速旋转、急刹车等情况时，夹具与主轴之间应设有防松装置。

6）卡盘类车床夹具的结构特点

卡盘类车床夹具是具有卡盘形状的夹具体。使用卡盘式夹具加工的工件形状一般都比较复杂，多数情况下，工件的定位基准为与加工圆柱面垂直的面，夹具上的平面定位件与车床主轴的轴线相垂直。

三、夹具设计方案说明

以智能制造生产线所加工产品的夹具为例说明夹具的设计要点，此夹具是以先加工“电

机侧”（支脚侧），再加工“涡旋侧”的加工方案展开设计的。

（1）工序 OP10：电机侧加工夹具设计（图 6.3 ~ 图 6.5）

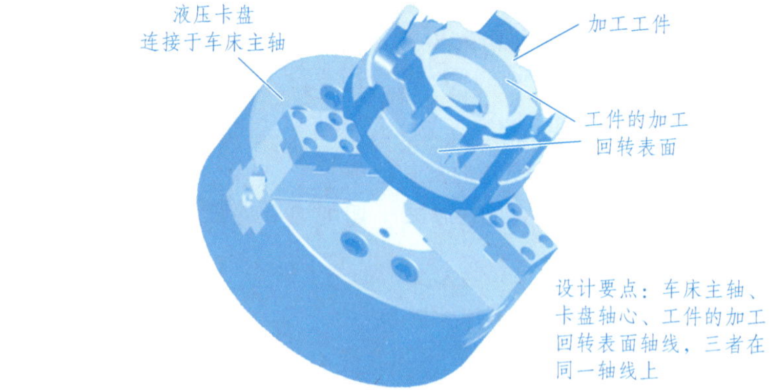

图 6.3　电机侧加工夹具设计要点 1

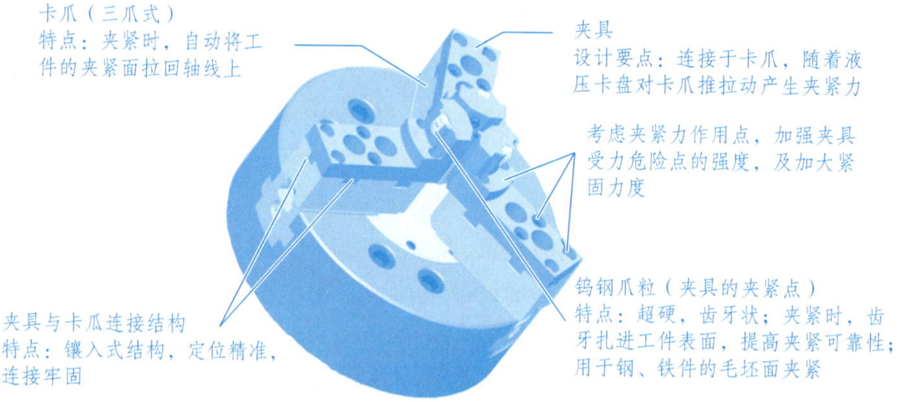

图 6.4　电机侧加工夹具设计要点 2

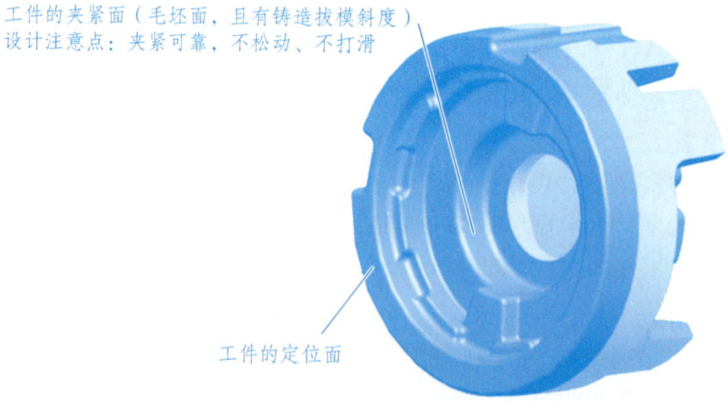

图 6.5　电机侧加工夹具设计要点 3

（2）工序 OP20：涡旋侧加工夹具设计（图 6.6 ~ 图 6.8）

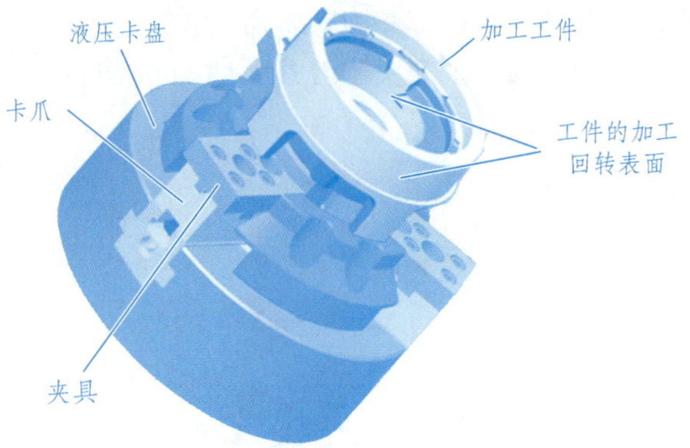

图 6.6　涡旋侧加工夹具设计要点 1

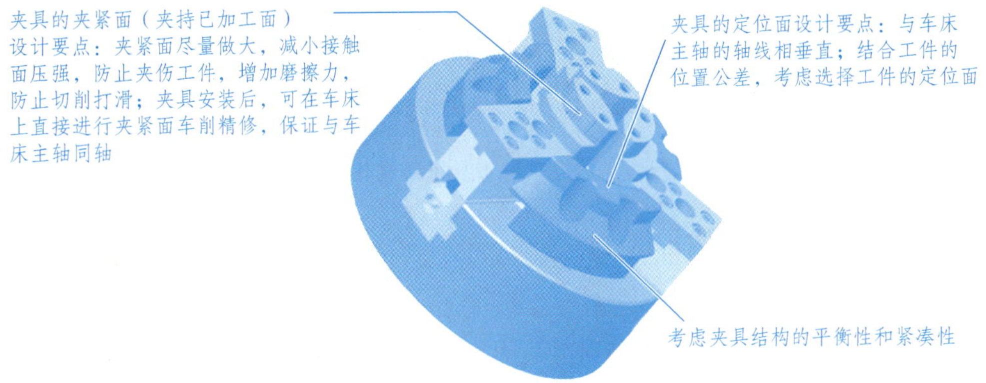

图 6.7　涡旋侧加工夹具设计要点 2

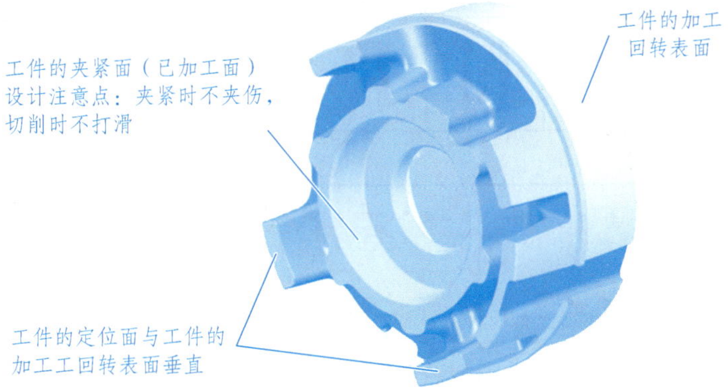

图 6.8　涡旋侧加工夹具设计要点 3

四、刀具选用

（一）数控车削刀具

图 6.9 数控车削工具系统结构体系，由机床、刀具和工件组成的切削加工工艺系统中，

刀具是一个活跃的因素。切削加工生产率和刀具寿命的长短、加工成本的高低、加工精度和加工表面质量的优劣等，在很大程度上取决于刀具类型、刀具材料、刀具结构及其他因素的合理选择。

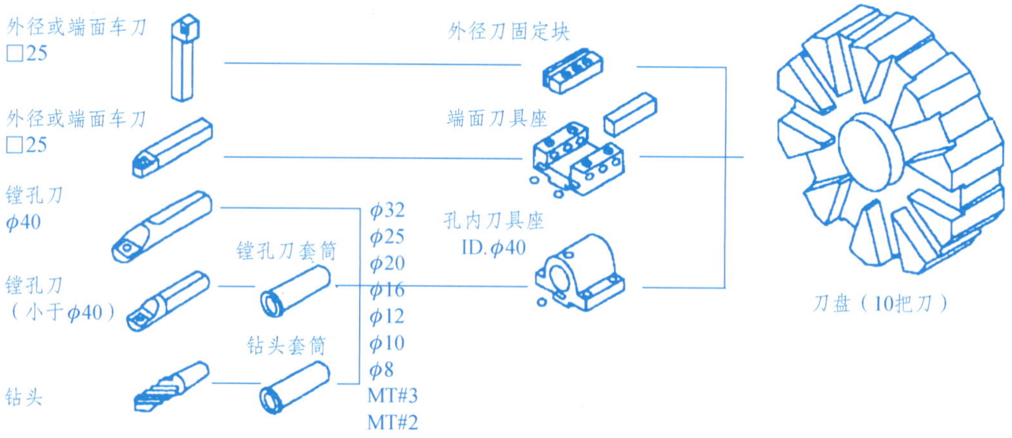

图 6.9　数控车削工具系统结构体系

（二）刀具型号规则说明

1. 刀杆编号规则——外圆

外圆刀具的编号一般为三部分，如图 6.10 ~ 图 6.17 所示。

（1）刀片夹紧方式如图 6.10 所示，一般由刀具编号第一部分的第一位表示。

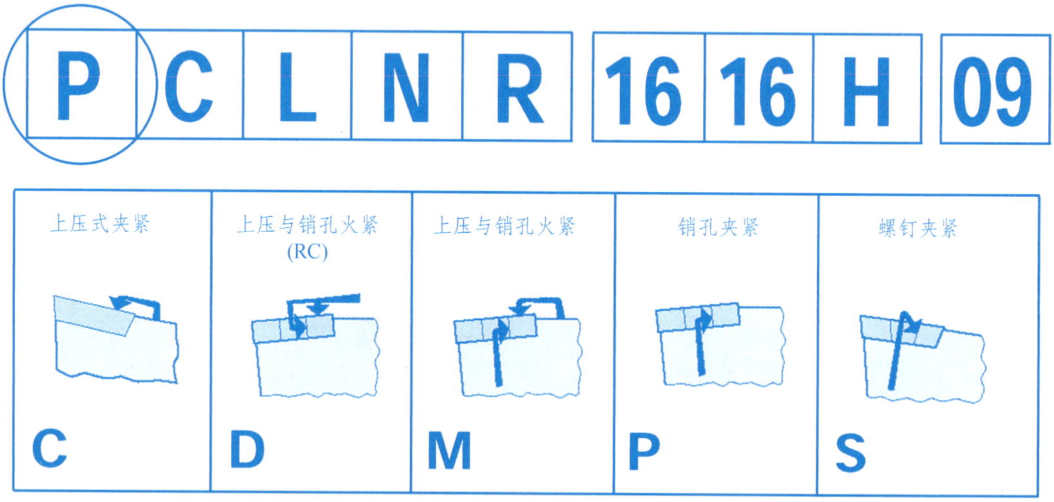

图 6.10　刀片夹紧方式

（2）刀片形状如图 6.11 所示，一般由刀具编号第一部分的第二位表示。

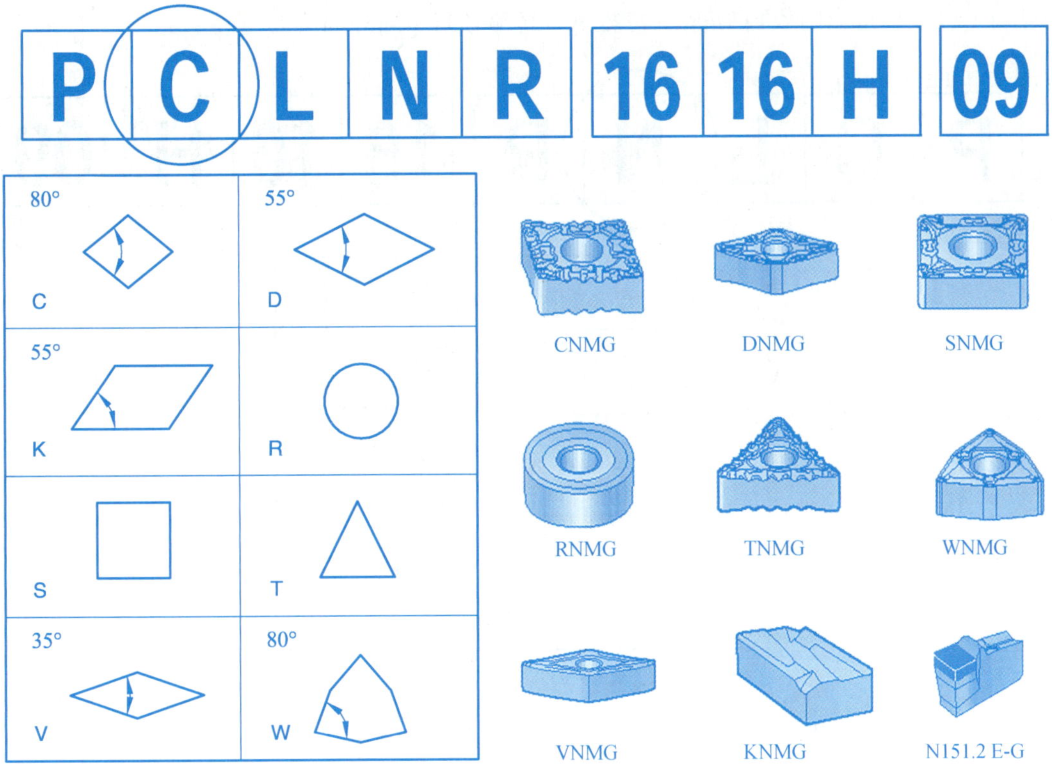

图 6.11　刀片形状

（3）刀杆主偏角如图 6.12 所示，一般由刀具编号第一部分的第三位表示。

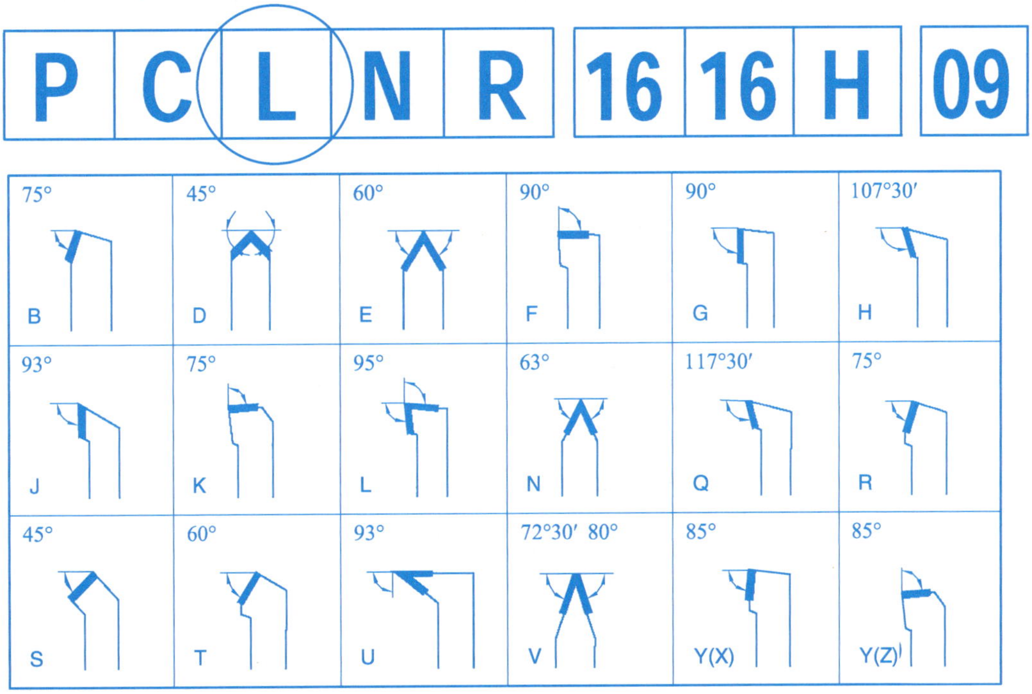

图 6.12　刀杆主偏角

（4）刀片后角如图 6.13 所示，一般由刀具编号第一部分的第四位表示。

P	C	L	N	R	16	16	H	09

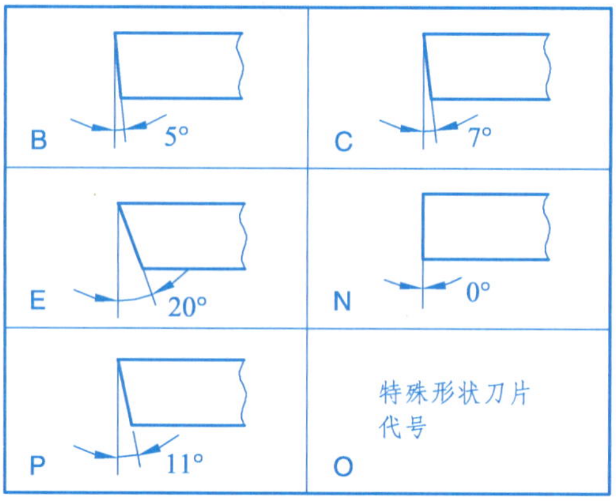

图 6.13　刀片后角

（5）刀杆方向如图 6.14 所示，一般由刀具编号第一部分的第五位表示。

P	C	L	N	R	16	16	H	09

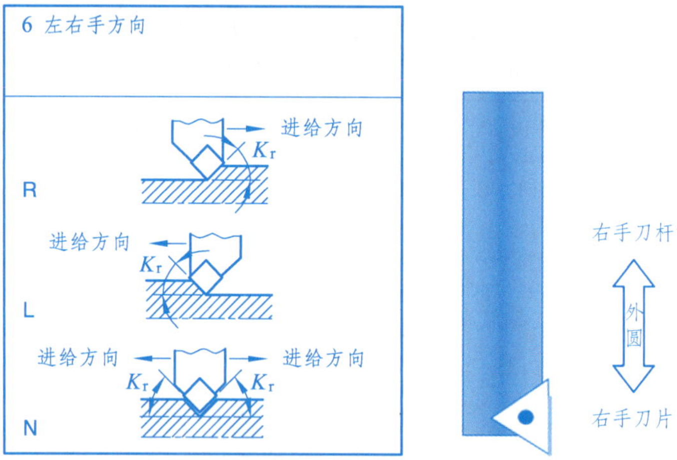

图 6.14　刀杆方向

（6）刀柄大小如图 6.15 所示，一般由刀具编号第二部分的第一和第二位表示。

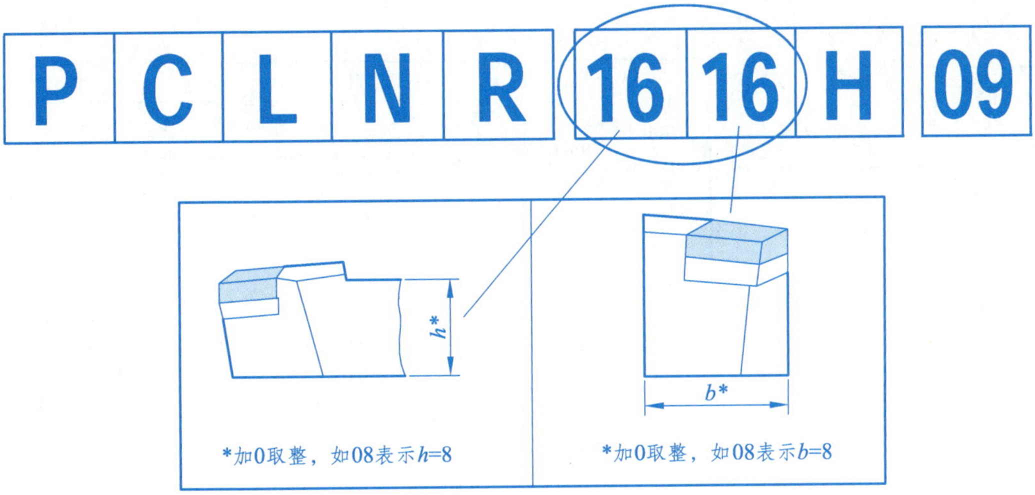

图 6.15　刀柄大小

（7）刀柄长度如图 6.16 所示，一般由刀具编号第二部分的第三位表示。

常规刀柄

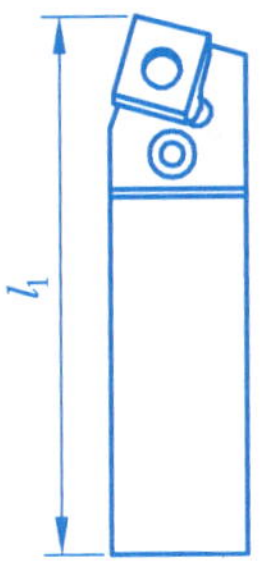

A = 32
B = 40
C = 50
D = 60
E = 70
F = 80
G = 90
H = 100
J = 110
K = 125
L = 140

M = 150
N = 160
P = 170
Q = 180
R = 200
S = 250
T = 300
U = 400
V = 400
W = 450
Y = 500
X = 特殊形状

图 6.16　刀柄长度

（8）切削刃长度，如图 6.17 所示，一般由刀具编号的第三部分表示。

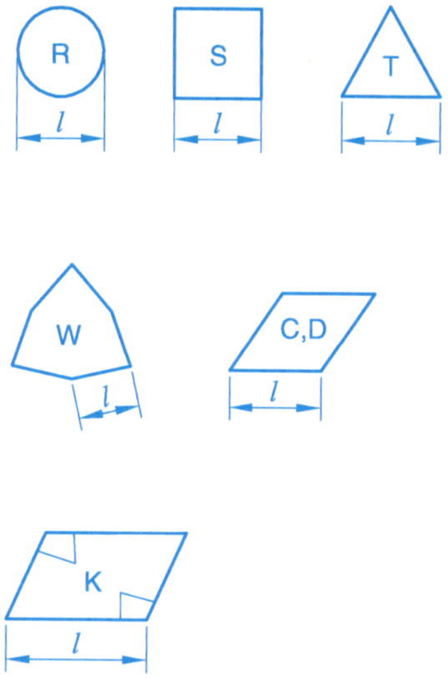

iC /mm	iC /inch	C	D	R	S	T	V	W	K
3.97	5.32″					06			
5.0				05					
5.56	7/32″					09			
6.0				06					
6.35	1/4″	06	07			11	11		
8.0				08					
9.525	3/8″	09	11	09	09	16	16	06	16*)
10.0				10					
12.0				12					
12.7	1/2″	12	15	12	12	22	22	08	
15.875	5/8″	16		15	15	27			
16.0				16					
19.05				19	19	33			
20.0	3/4″	19		20					
25.0				25	25				
25.4	1″	25		25					
31.75				31					
32				32					

图 6.17　切削刀长度

2. 刀杆编号规则——内孔

内孔刀具的编号一般也分为三部分，如图 6.18 ~ 图 6.23 所示。

（1）刀杆类型如图 6.18 所示，一般由刀具编号第一部分的第一位表示。

S 40 V　S C L C R　12

A　内冷却液钢制刀杆
E　硬质合金常规刀杆
F　防振刀杆
S　整体钢制刀杆

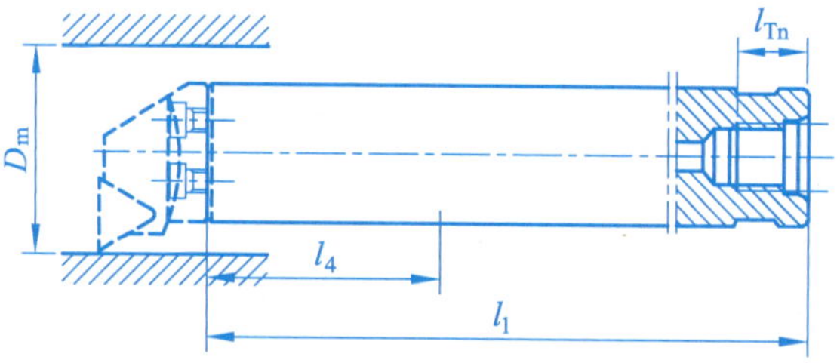

$L_4/D<4$	可以用整体钢刀杆进行普通内孔车削
$4<L_4/D<6\sim7$	应使用重金属刀杆进行普通内孔车削
$6<L_4/D<10\sim12$	使用标准阻尼消振刀杆进行普通内孔车削
$12<L_4/D<15$	使用特殊阻尼消振刀杆进行普通内孔车削

图 6.18　刀杆类型

（2）刀柄直径及长度如图 6.19 所示，一般由刀具编号第一部分的第二和第三位表示。

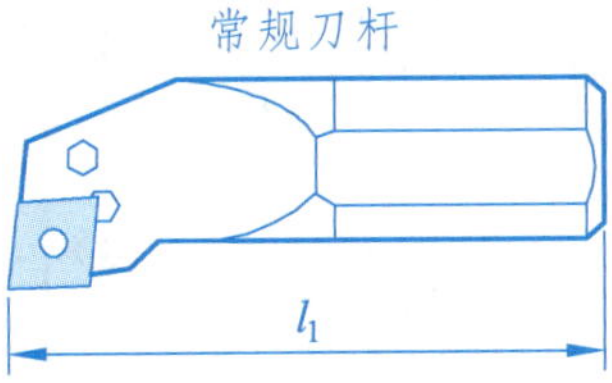

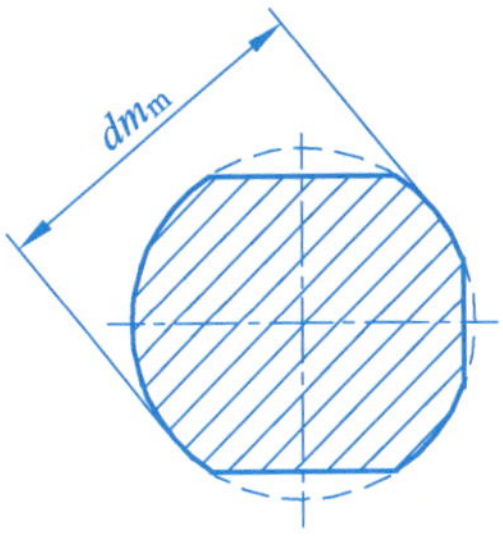

F = 80	S = 250
H = 100	T = 300
K = 125	U = 350
M = 150	V = 400
P = 170	W = 450
Q = 180	Y = 500
R = 200	X = 特殊设计

图 6.19　刀柄直径和长度

（3）刀片夹紧方式如图 6.20 所示，一般由刀具编号第二部分的第一位表示。

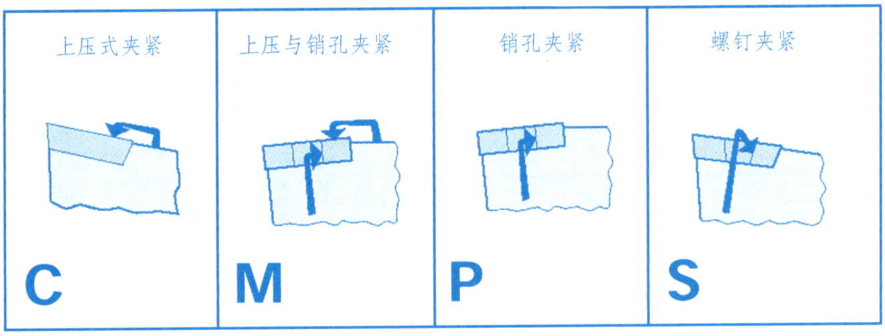

图 6.20　刀片夹紧方式

（4）刀片形状及主偏角如图 6.21 所示，一般由刀具编号第二部分的第二和第三位表示。

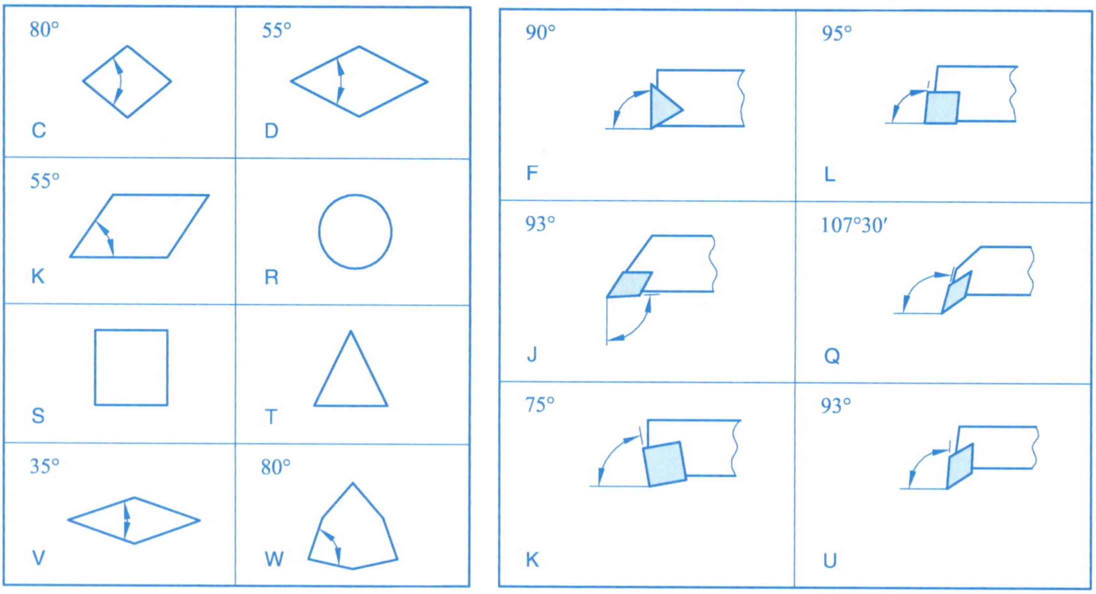

图 6.21 刀片形状及主偏角

（5）刀片后角及刀杆方向如图 6.22 所示，一般由刀具编号第二部分的第四和第五位表示。

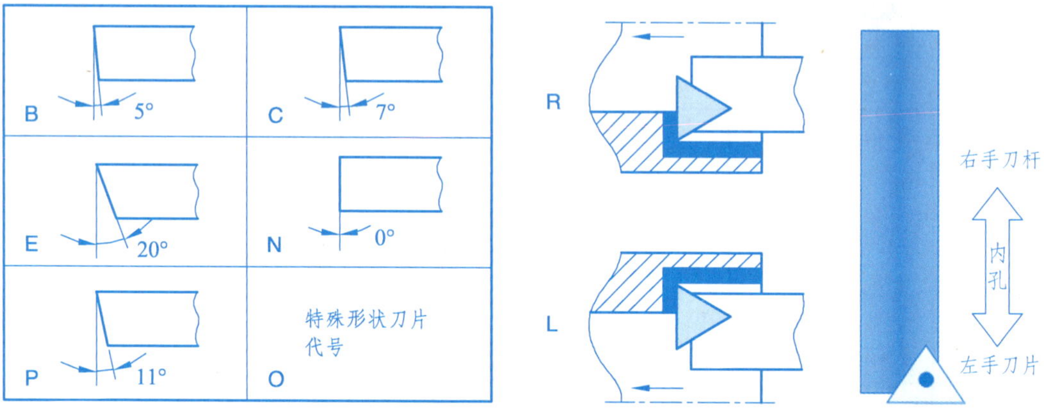

图 6.22 刀片后角及刀杆方向

（6）切削刃长度如图 6.23 所示，一般由刀具编号的第三部分表示。

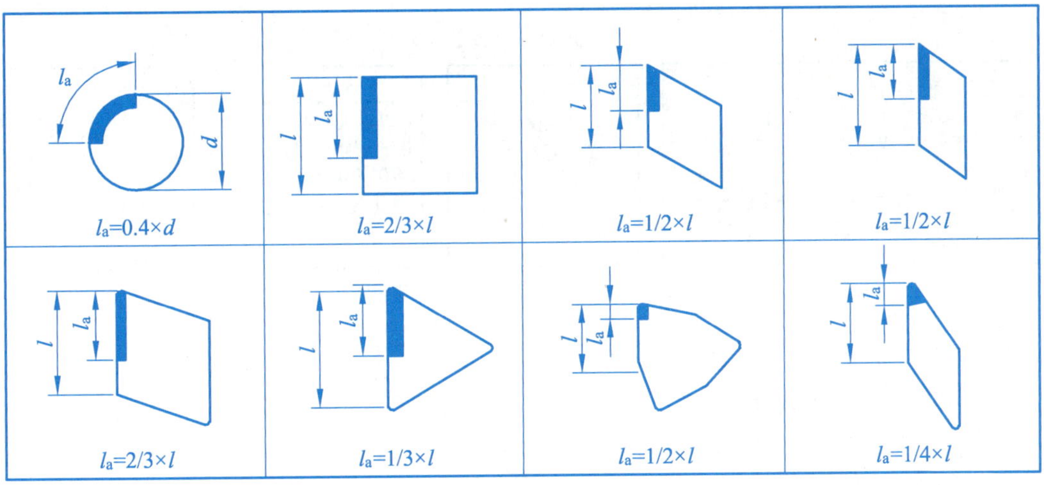

图 6.23　切削刀长度

3. 刀杆编号规则——切断切槽

切断切槽刀的刀杆编号一般分为 11 位，具体如图 6.24 所示。

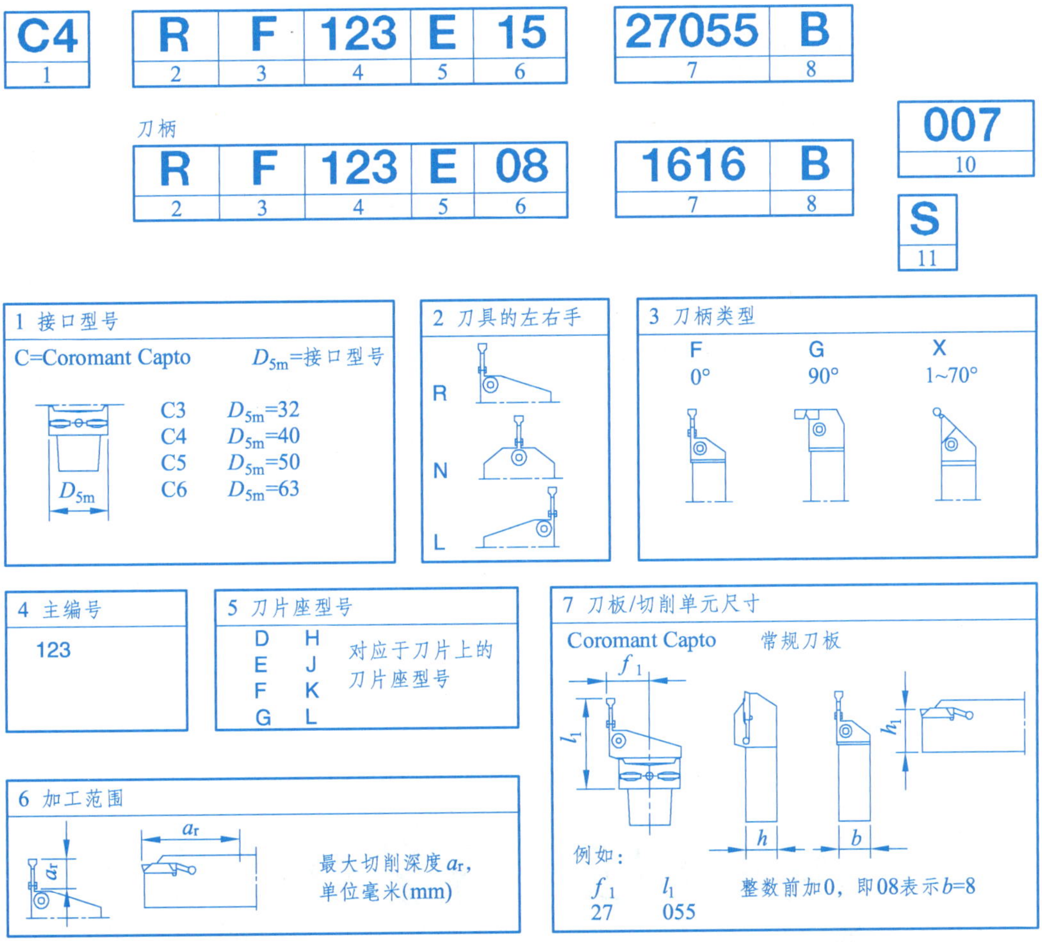

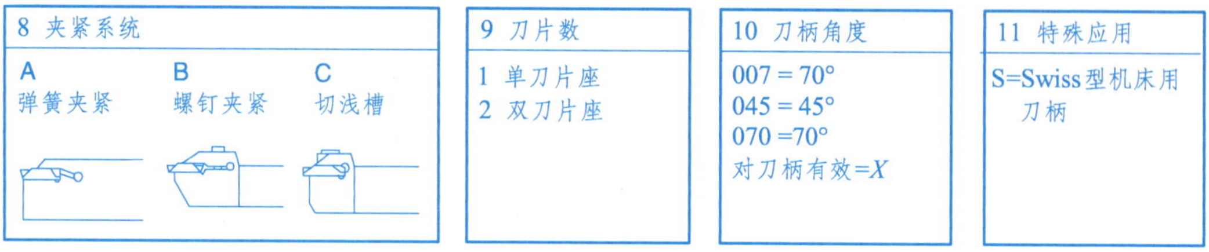

图 6.24 切断切槽的刀杆编号

4. 刀片编号规则

刀片编号一般分为两部分七位，如图 6.25 ~ 图 6.31 所示。

（1）刀片形状如图 6.25 所示，一般由刀片编号第一部分的第一位表示。

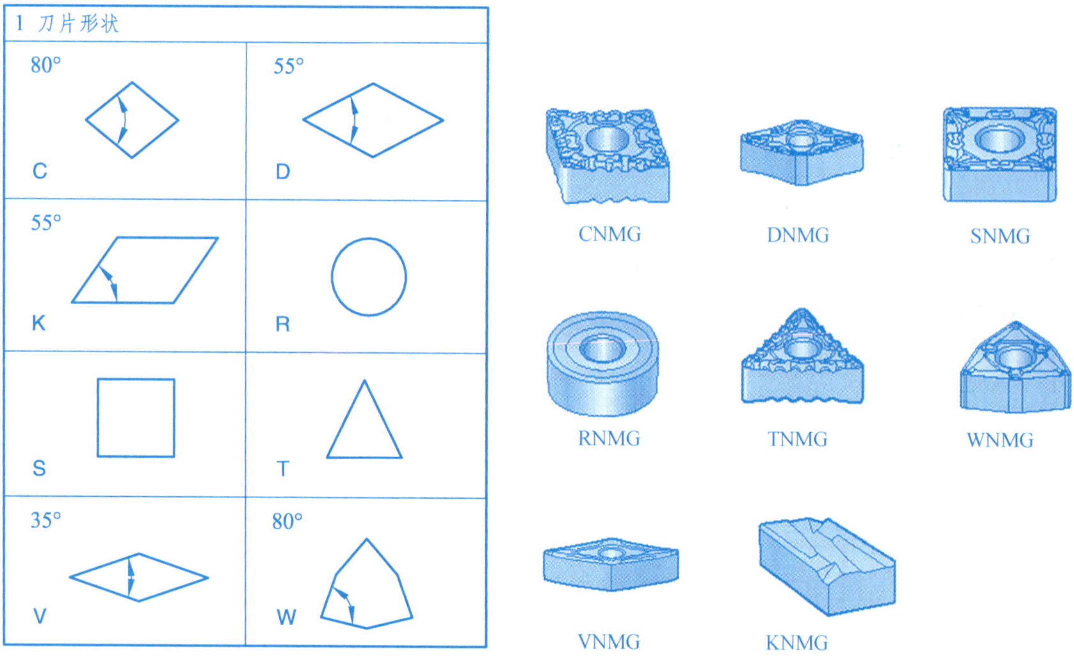

图 6.25 刀片形状

（2）刀片后角如图 6.26 所示，一般由刀片编号第一部分的第二位表示。

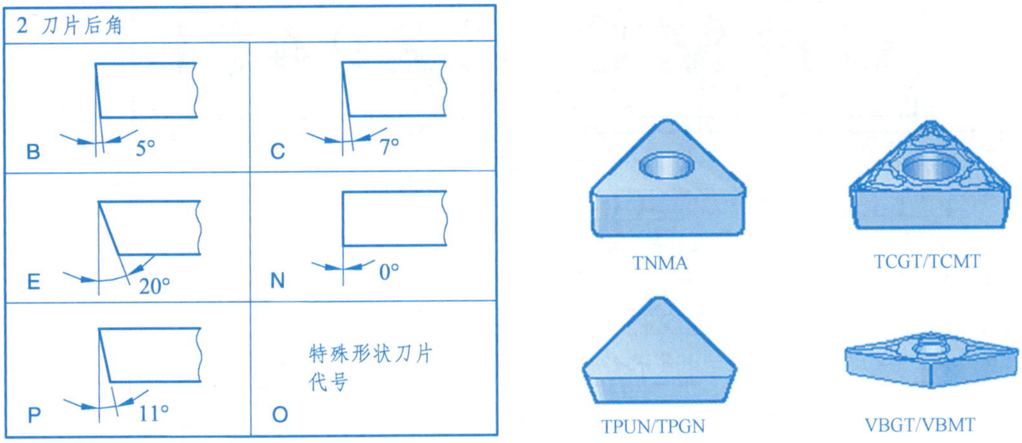

图 6.26　刀片后角

（3）刀片精度如图 6.27 所示，一般由刀片编号第一部分的第三位表示。

C	N	M	G
1	2	3	4

12	04	08
5	6	7

3 公差（包括刀片的厚度、宽度和内切圆公差）

等级	s	iC/iW
G		±0.025
M	±0.13	±0.05~±0.15[①]
U		±0.08~±0.25[①]

[①]不同内切圆 *iC* 公差等级如下：

内切圆 *iC* mm	公差等级 M	公差等级 U
3.97 5.0 5.56 6.0 6.35 8.0 9.525 10.0	±0.05	±0.08
12.0 12.7	±0.08	±0.13
15.875 16.0 19.05 20.0	±0.10	±0.18
25.0 25.4	±0.13	±0.25
31.75 32.0	0.15	±0.25

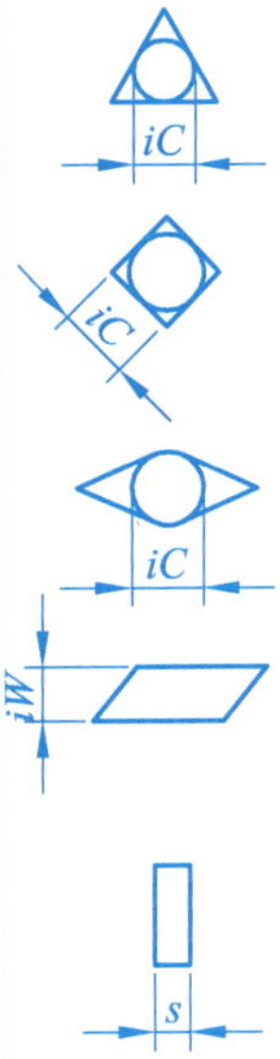

图 6.27　刀片精度

（4）刀片形式如图 6.28 所示，一般由刀片编号第一部分的第四位表示。

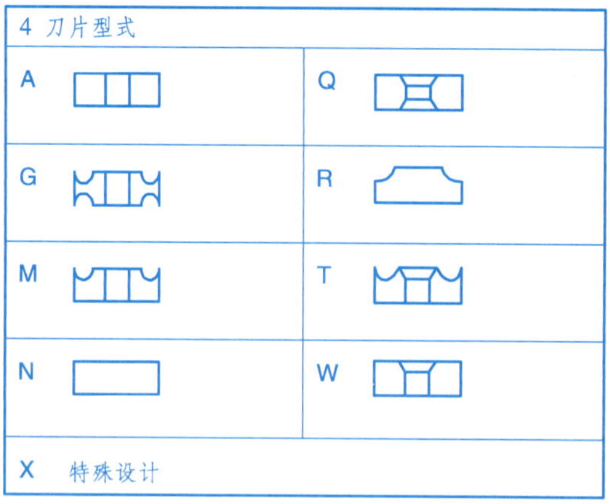

CNMG
G = 有断屑槽的双面刀片
M = 有断屑槽的单面刀片
A = 有孔的平面刀片
N = 无孔的平面刀片
W = 有孔且以螺钉夹紧的平面刀片

图 6.28 刀片形式

（5）刀片尺寸（切削刃长度）如图 6.29 所示，一般由刀片编号第二部分的第一位表示。

5 刀片尺寸=切削刃长度，*l*/mm

iC mm	iC inch	C	D	R	S	T	V	W	K
3.97	5.32″					06			
5.0				05					
5.56	7/32″					09			
6.0				06					
6.35	1/4″	06	07			11	11		
8.0				08					
9.525	3/8″	09	11	09	09	16	16	06	16*
10.0				10					
12.0				12					
12.7	1/2″	12	15	12	12	22	22	08	
15.875	5/8″	16		15	15	27			
16.0				16					
19.05				19	19	33			
20.0	3/4″	19		20					
25.0				25	25				
25.4	1″	25		25					
31.75				31					
32				32					

*对于K型刀片（包括KNMX，KNUX）
这里仅注出理论上的切削刃长度

图 6.29 刀片尺寸

（6）刀片厚度如图 6.30 所示，一般由刀片编号第二部分的第二位表示。

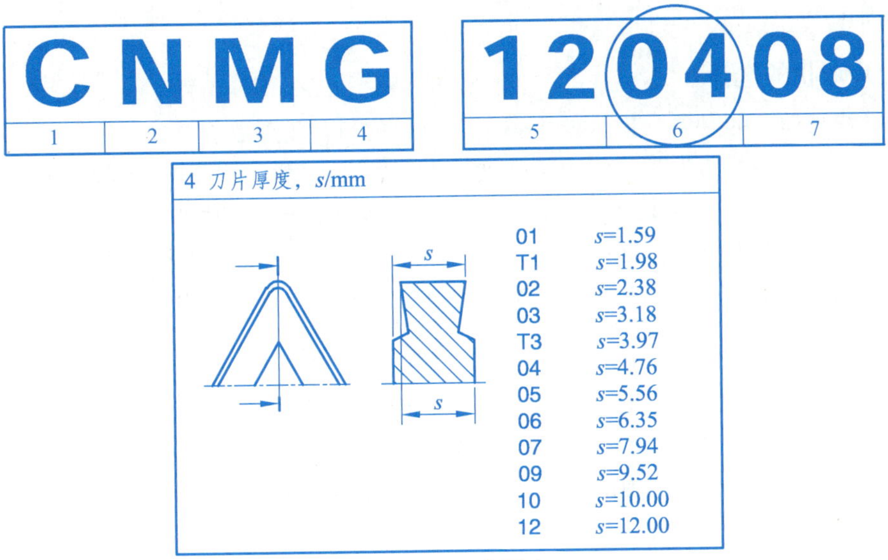

图 6.30　刀片厚度

（7）刀尖圆弧半径如图 6.31 所示，一般由刀片编号第二部分的第三位表示。

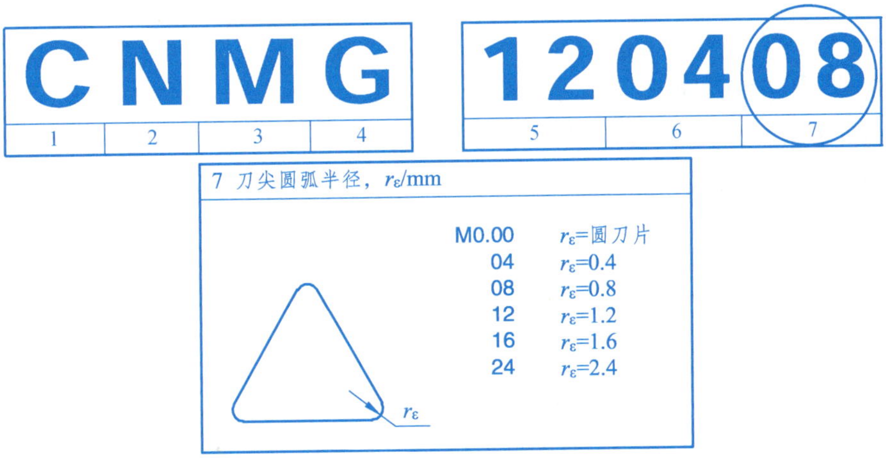

图 6.31　刀尖圆弧半径

（三）刀具选用基本原则

1. 刀杆的选择

选用刀杆时，应根据加工产品的形状结构，选用尺寸尽可能大的刀杆，同时要考虑刀柄的悬伸，保证刀具刚性的最大化。

2. 刀片夹紧方式的选择

在国标中，一般夹紧方式有上压式（代码为 C）、上压与销孔夹紧式（代码为 M）、销孔夹紧式（代码为 P）和螺钉夹紧式（代码为 S）四种，有的还采用牢固夹紧式（代码为 D）。各夹紧方式适用不同形式的刀片，如陶瓷、立方氮化硼等制成的无孔刀片常用上压式（C 型）。

D 型和 M 型夹紧可靠，适用于切削力较大的场合，如加工条件恶劣、钢的粗加工、铸铁等短屑材料的加工等。

3. 刀片形状的选择

刀片形状与加工的对象、刀具的主偏角、刀尖角和有效刃数等有关。不同的刀片形状有不同的刀尖强度，一般刀尖越大，刀尖强度越大，反之亦然。圆刀片（R 型）刀尖角最大，35°菱形刀片（V 型）刀尖角最小。在选用时，应根据加工条件恶劣与否，按重、中、轻切削针对性地选择。在机床刚性、功率允许的条件下，大余量、粗加工应选用刀尖角较大的刀片；反之，机床刚性和功率小、小余量、精加工时宜选用刀尖角较小的刀片。

4. 刀片后角的选择

常用的刀片后角有 N 型（0°）、C 型（7°）、P 型（11°）、E 型（20°）等。一般粗加工、半精加工可用 N 型；半精加工可用 C 型、P 型，也可用带断屑槽形的 N 型刀片；加工铸铁、硬钢可用 N 型；加工不锈钢可用 C 型、P 型；加工铝合金可用 P 型、E 型等。加工弹性恢复性好的材料可选用较大一些的后角。一般钻孔刀片，选用 C 型、P 型，大尺寸孔选用 N 型。

5. 切削刃长度的选择

切削刃的长度应根据加工余量来定，最多是刃长的 2/3 参加切削。选用时，要考虑主偏角对有效切削刃长度的影响。

6. 刀片精度等级的选择

刀片精度等级根据加工要求选择，在保证加工精度的前提下，降低成本。一般来说，精密加工选用高精度的 G 级刀片，精加工至重负荷粗加工可选用 M 级刀片，粗加工可选用 U 级刀片。

7. 刀尖圆弧半径的选择

刀片的刀尖圆弧半径常用的有 02（0.2 mm）、04（0.4 mm）、08（0.8 mm）、12（1.2 mm）等。刀尖圆弧半径大小根据加工情况选择，精加工选用小刀尖圆弧半径，粗加工或断续加工选用大刀尖圆弧半径；还用根据产品的根部 R 角大小要求选择刀尖圆弧半径。

五、产品测量量具选用

（一）常用测量器具介绍

1. 计量器具类别

常用计量器具可分为如下几个类别：

（1）仪器类：三坐标、影像仪、投影仪、轮廓仪、高度仪、气动量仪、粗糙度仪等。

（2）游标类：游标卡尺、深度游标卡尺、高度游标卡尺、万能角度尺等。

（3）微分类：外径千分尺、内径千分尺、杠杆卡规等。

（4）表类：百分表、千分表、内径百分表、杠杆百分表、杠杆千分表等。

（5）界限量规：量块、圆棒、卡规、螺纹塞规、螺纹环规、塞尺（又称测微片或厚薄规）等。

2. 计量器具规格和精度

（1）游标卡尺规格：0 ~ 150 mm、0 ~ 200 mm、0 ~ 300 mm、0 ~ 500 mm、0 ~ 1 000 mm、0 ~ 1 500 mm、0 ~ 2 000 mm；游标卡尺通用精度为 0.02 mm、0.05 mm、0.1 mm。

（2）深度游标卡尺规格：0 ~ 150 mm、0 ~ 200 mm、0 ~ 300 mm；深度游标卡尺通用精度为 0.02 mm。

（3）高度游标卡尺规格：0 ~ 300 mm、0 ~ 500 mm；高度游标卡尺通用精度为 0.02 mm、0.05 mm。

（4）外径千分尺规格：0 ~ 25 mm、25 ~ 50 mm、50 ~ 75 mm、75 ~ 100 mm、100 ~ 125 mm、125 ~ 150 mm；外径千分尺的精度为 0.001 mm。

（5）内径千分尺规格：5 ~ 30 mm、25 ~ 50 mm、50 ~ 75 mm、75 ~ 100 mm；内径千分尺的精度为 0.001 mm。

（6）杠杆卡规规格：0 ~ 25 mm；杠杆卡规的精度为 0.001 mm。

（7）百分表规格：0 ~ 5 mm、0 ~ 10 mm、0 ~ 20 mm、0 ~ 50 mm、0 ~ 100 mm；百分表的精度为 0.01 mm。

（8）千分表规格：0 ~ 1 mm；千分表的精度为 0.001 mm。

（9）内径百分表规规格：5 ~ 10 mm、10 ~ 18 mm、18 ~ 35 mm、35 ~ 50 mm、50 ~ 160 mm；内径百分表的精度为 0.01 mm。

（10）杠杆百分表规格：0 ~ 0.8 mm；杠杆百分表的精度为 0.01 mm。

（11）杠杆千分表规格：0 ~ 0.2 mm；杠杆千分表的精度为 0.001 mm。

（12）单片塞尺厚度一般为 0.02 mm、0.03 mm、0.04 mm、0.05 mm、0.06 mm、0.07 mm、0.08 mm、0.09 mm、0.10 mm、0.15 mm、0.20 mm、0.25 mm、0.30 mm、0.35 mm、0.40 mm、0.45 mm、0.50 mm、0.75 mm 和 1.00 mm。

3. 材料测量器具

材料测量器具包括光谱仪（化学成分）、金相显微镜（金相组织）、拉力试验机（抗拉强度、屈服强度、延伸率）等。

4. 硬度测度器具

硬度测度器具包括洛氏硬度计（HRA、HRB、HRC）、布氏硬度计（HB）、维氏硬度计（HV）、邵氏硬度计（HA、HC、HD）、里氏硬度计（HL）等。

（二）量具选用的基本原则

1. 术　语

（1）分辨力：量具的最小读数值，如游标卡尺，刻度式最小为 0.02 mm，表盘式和电子式最小为 0.01 mm；数显千分尺最小为 0.001 mm；投影仪可根据需要调节，最小可达到 0.0001 mm。

（2）示值误差：量具的示值误差，就是量具本身的制造精度，不论使用得怎样正确，量具本身就可能产生这些误差。比如，一支直径 1.02 mm 的圆棒生产时不可能刚好是 1.02 mm，它也有公差，它的公差若是 ± 0.002 mm，那么这支圆棒直径可能是 1.022 mm，也可能是 1.028 mm，这就是示值误差。再比如，游标卡尺的示值误差是 0.02 mm，那么测量的产品尺寸是 1.2 mm，它的实际尺寸就可能是 1.18 mm 或 1.22 mm。

2. 量具的选择原则

（1）保证测量的准确性。计量器具的性能指标是选用计量器具的主要依据，性能指示中以示值误差示值变动性和回程误差为主。

（2）以加工方法、批量和数量选择计量器具。批量生产以使用专用量具、量规和专用仪器为主。大批量生产选用高效率的机械化、自动化的专用测量仪器。

（3）根据零件的结构、特性、大小、形状、重量、材料、刚性和表面粗糙度选用计量器具。

（4）从经济价值选择计量器具。在保证测量精度和测量效率的前提下，能用专用量具的，不用通用量具；能用通用量具的，不用精密仪器。

（5）按零件所处的状态和所处的条件选择计量仪器，如现代机器制造业生产自动化，要求测量自动化。动态测量要比静态测量复杂。

3. 量具的选择方法

（1）按检验标准选择，零件的最终验收按国家标准 GB/T 3177—2009 产品几何技术规范（GPS）《光滑工件尺寸的检验》的规定选择计量器具。

① 根据零件的公差大小不同，规定了一个安全裕度 A，见表 6.2。

表 6.2　安全裕度（A）与计量器具的测量不确定度允许值（u_1）　　单位：μm

公差等级		6					7					8					9					10				
基本尺寸 (mm)		T	A	u_1			T	A	u_1			T	A	u_1			T	A	u_1			T	A	U_1		
大于	至			Ⅰ	Ⅱ	Ⅲ			Ⅰ	Ⅱ	Ⅲ			Ⅰ	Ⅱ	Ⅲ			Ⅰ	Ⅱ	Ⅲ			Ⅰ	Ⅱ	Ⅲ
—	3	6	0.6	0.54	0.9	1.4	10	1.0	0.9	1.5	2.3	14	1.4	1.3	2.1	3.2	25	2.5	2.3	3.8	5.6	40	4.0	3.6	6.0	9.0
3	6	8	0.8	0.72	1.2	1.8	12	1.2	1.1	1.8	2.7	18	1.8	1.6	2.7	4.1	30	3.0	2.7	4.5	6.8	48	4.8	4.3	7.2	11
6	10	9	0.9	0.81	1.4	2.0	15	1.5	1.4	2.3	3.4	22	2.2	2.0	3.3	5.0	36	3.6	3.3	5.4	8.1	58	5.8	5.2	8.7	13
10	18	11	1.1	1.0	1.7	2.5	18	1.8	1.7	2.7	4.1	27	2.7	2.4	4.1	6.1	43	4.3	3.9	6.5	9.7	70	7.0	6.3	11	16
18	30	13	1.3	1.2	2.0	2.9	21	2.1	1.9	3.2	4.7	33	3.3	3.0	5.0	7.4	52	5.2	4.7	7.8	12	84	8.4	7.6	13	19
30	50	16	1.6	1.4	2.4	3.6	25	2.5	2.3	3.8	5.6	39	3.9	3.5	5.9	8.8	62	6.2	5.6	9.3	14	100	10	9.0	15	23
50	80	19	1.9	1.7	2.9	4.3	30	3.0	2.7	4.5	6.8	46	4.6	4.1	6.9	10	74	7.4	6.7	11	17	120	12	11	18	27
80	120	22	2.2	2.0	3.3	5.0	35	3.5	3.2	5.3	7.9	54	5.4	4.9	8.1	12	87	8.7	7.8	13	20	140	14	13	21	32
120	180	25	2.5	2.3	3.8	5.6	40	4.0	3.6	6.0	9.0	63	6.3	5.7	9.5	14	100	10	9.0	15	23	160	16	15	24	36
180	250	29	2.9	2.6	4.4	6.5	46	4.6	4.1	6.9	10	72	7.2	6.5	11	16	115	12	10	17	26	185	18	17	28	42
250	315	32	3.2	2.9	4.8	7.2	52	5.2	4.7	7.8	12	81	8.1	7.3	12	18	130	13	12	19	29	210	21	19	32	47
315	400	36	3.6	3.2	5.4	8.1	57	5.7	5.1	8.4	13	89	8.9	8.0	13	20	140	14	13	21	32	230	23	21	35	52
400	500	40	4.0	3.6	6.0	9.0	63	6.3	5.7	9.5	14	97	9.7	8.7	15	22	155	16	14	23	35	250	25	23	38	56

续表

公差等级		11					12				13				14				15			
基本尺寸(mm)		T	A	u_1			T	A	u_1		T	A	u_1		T	A	u_1		T	A	U_1	
大于	至			Ⅰ	Ⅱ	Ⅲ			Ⅰ	Ⅱ			Ⅰ	Ⅱ			Ⅰ	Ⅱ			Ⅰ	Ⅱ
—	3	60	6.0	5.4	9.0	14	100	10	9.0	15	140	14	13	21	250	25	23	38	400	40	36	60
3	6	75	7.5	6.8	11	17	120	12	11	18	180	18	16	27	300	30	27	45	480	48	43	72
6	10	90	9.0	8.1	14	20	150	15	14	23	220	22	20	33	360	36	32	54	580	58	52	87
10	18	110	11	10	17	25	180	18	16	27	270	27	24	41	430	43	39	65	700	70	63	110
18	30	130	13	12	20	29	210	21	19	32	330	33	30	50	520	52	47	78	840	84	76	130
30	50	160	16	14	24	36	250	25	23	38	390	39	35	59	620	62	56	93	1 000	100	90	150
50	80	190	19	17	29	43	300	30	27	45	460	46	41	69	740	74	67	110	1 200	120	110	180
80	120	220	22	20	33	50	350	35	32	53	540	54	49	81	870	87	78	138	1 400	140	130	210
120	180	250	25	23	38	56	400	40	36	60	630	63	57	95	1 000	100	90	150	1 600	160	150	240
180	250	290	29	26	44	65	460	46	41	69	720	72	65	110	1 150	115	100	170	1 850	180	170	280
250	315	320	32	29	48	72	520	52	47	78	810	81	73	120	1 300	130	120	190	2 100	210	190	320
315	400	360	36	32	54	81	570	57	51	86	890	89	80	130	1 400	140	130	210	2 300	230	210	350
400	500	400	40	36	60	90	630	63	57	95	970	97	87	150	1 500	150	140	230	2 500	250	230	380

公差等级		16				17				18			
基本尺寸(mm)		T	A	u_1		T	A	u_1		T	A	u_1	
大于	至			Ⅰ	Ⅱ			Ⅰ	Ⅱ			Ⅰ	Ⅱ
—	3	600	60	54	90	1 000	100	90	150	1 400	140	135	210
3	6	750	75	68	110	1 200	120	110	180	1 800	180	160	270
6	10	900	90	81	140	1 500	150	140	230	2 200	220	200	330
10	18	1 100	110	100	170	1 800	180	160	270	2 700	270	240	400
18	30	1 300	130	120	200	2 100	210	190	320	3 300	330	300	490
30	50	1 600	160	140	240	2 500	250	220	380	3 900	390	350	580
50	80	1 900	190	170	290	3 000	300	270	450	4 600	460	410	690
80	120	2 200	220	200	330	3 500	350	320	530	5 400	540	480	810
120	180	2 500	250	230	380	4 000	400	360	600	6 300	630	570	940
180	250	2 900	290	260	440	4 600	460	410	690	7 200	720	650	1 080
250	315	3 200	320	290	480	5 200	520	470	780	8 100	810	730	1 210
315	400	3 600	360	320	540	5 700	570	510	850	8 900	890	800	1 330
400	500	4 000	400	360	600	6 300	630	570	950	9 700	970	870	1 450

② 根据量具的类型，精度及调整不当因素，存在一个不确定度（见表 6.3），其允差用 μ_1 表示，μ_1 大约为 $0.9A$。

表 6.3　常用计量器具的测量不确定度

计量器具名称	分度值/mm	所用量块		尺寸范围/mm							
		等别	级别	1～10	10～50	50～80	80～120	120～180	180～260	260～360	360~500
				测量不确定度/μm							
游标卡尺 测量外尺寸	0.02	绝对测量		40	40	45	45	45	57	60	70
测量内尺寸				—		60	60	60	10	80	90
游标卡尺 测量外尺寸	0.05	绝对测量		80	80	90	100	100	100	110	110
测量内尺寸				—	100	130	130	150	150	150	150
游标深度尺和高度尺	0.02	绝对测量		60	60	60	60	60	0	70	80
游标深度尺和高度尺	0.05	绝对测量		100	100	150	150	150	150	150	150
零级千分尺	0.01	绝对测量		4.5	5.5	6	1	8	10	12	15
1 级千分尺	0.01	绝对测量		7	8	g	10	12	15	20	25
2 级千分尺	0.01	绝对测量		12	13	14	15	18	20	25	30
1 级深度千分尺	0.01	绝对测量		14	16	18	22	—	—	—	—
千分表	0.01	4	1	0.6	0.8	1.0	1.2	1.4	2.0	2.5	3.0
		5	2	0.7	1.0	1.7	1.8	20	2.5	3.5	4.5
千分表	0.002	5	2	1.2	1.5	1.8	2	2.5	3	4	5
杠杆式卡规	0.002	5	2	3	3	3.5	3.5	—	1	—	—
立式卧式光学计测外尺寸	0.001	4	1	0.4	0.6	0.8	1.0	1.2	1.8	2.5	3.0
		5	2	0.7	1.0	1.3	1.6	1.8	2.5	3.5	4.5
立式卧式光学计测外尺寸	0.001	绝对测量		1.1	1.5	1.9	2	2.3	2.3	3	3.5
卧式测长仪测内尺寸	0.001	绝对测量		2.5	3	3.3	3.5	3.8	4.2	4.8	—
测长机	0.001	绝对测量		1	1.3	1.6	2	2.5	4,0	5	6
万能工具显微镜	0.001	绝对测量		1.5	2	2.5	2.5	3	3.5	—	—
大型工具显微镜	0.01	绝对测量		5	5						
接触式干涉仪		$\Delta \leq 0.1$ μm									

③ 根据各种量具与量仪的不确定度 μ_x，$\mu_x < \mu_1$。

使用方法：根据被测工件公差的大小，查出 A 和 μ_1；按要求选用 $\mu_x < \mu_1$ 的量具，查出 μ_x。

（2）按测量方法的精度系数选择。

测量方法允许误差的大小主要取决于被测零件的精度要求，即所测参数的公差大小。测量方法的不确定度与被测零件公差的比值称为测量方法精度系数 K。K 愈小，采用的测量方法误差也愈小。K 值取 1/3 ~ 1/10，一般情况可取 1/5，关键尺寸测量取 1/10，见表 6.4。

表 6.4　测量方法精度系数

零件的公差等级	IT5	IT6	IT7	IT8	IT9	IT10	IT11 ~ IT16
K/%	32.5	30	27.5	25	20	15	10

六、产品制造过程设计案例

（一）制造工工艺分析

1. 毛坯分析

毛坯是用 HT250 铸造成形，此时具有产品的整体形廓，机加工余量较少，可减少加工工时，但需考虑毛坯铸造的固有特性对机加工的影响。比如：铸造精度会影响加工余量预留；拔模斜度，会影响装夹夹紧，造成切削余量不匀；合模披锋，会影响装夹定位、切削打刀；表层白口会造成切削磨刀、打刀、让刀；表面积砂会造成切削打刀；内部孔隙会造成切削打刀；材料塑性如，铸铁较脆切削易断屑对刀具寿命有影响，切削会有粉屑对切削冷却方式的影响；等等。

2. 产品图纸分析

产品形状：回转体，切削外圆、内孔、端面，适合车床切削加工。

尺寸标注：公差（尺寸精度要求，考虑加工工艺，粗加工、半精加工、精加工，加工方式，车削、铣削、磨削），未注尺寸公差[尺寸未注公差，也是有公差要求的，一般会用图表或标准号（GB、ISO）等级说明]，尺寸精度要求一般，可采用粗加工、半精加工车削加工。

表面粗糙度：Rz12.5，车削加工可满足（需了解车削、铣削、磨削等加工方式可达到的粗糙度等级）。

基准：G 基准、K 基准，需考虑加工基准（装夹、定位面）、测量基准。

位置公差：垂直度 0.1G，平行度 0.1K，同轴度 0.15G，需考虑加工序编排及装夹定位如何保证。

其他：退刀槽和倒角有标注尺寸范围，有明确要求，加工时注意管控。

3. 加工工序分析

第一工序（图 6.32）：加工出 G 基准孔 ϕ79.5 ± 0.1 和 K 基准平面（遵循先加工基准原则），即先加工“支脚”侧。

第二工序（图 6.33）：以 G 基准孔 ϕ79.5 ± 0.1 和 K 基准平面为装夹定位，加工另一侧（“涡旋”侧），保证垂直度 0.1G，平行度 0.1K 和同轴度 0.15G。

4. 工装设计分析

参见“三、夹具设计方案说明”的述说。

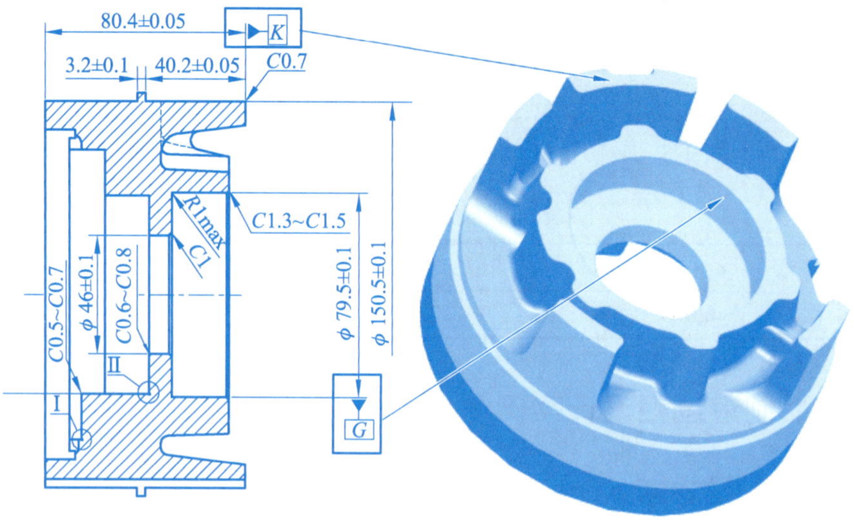

图 6.32　第一工序

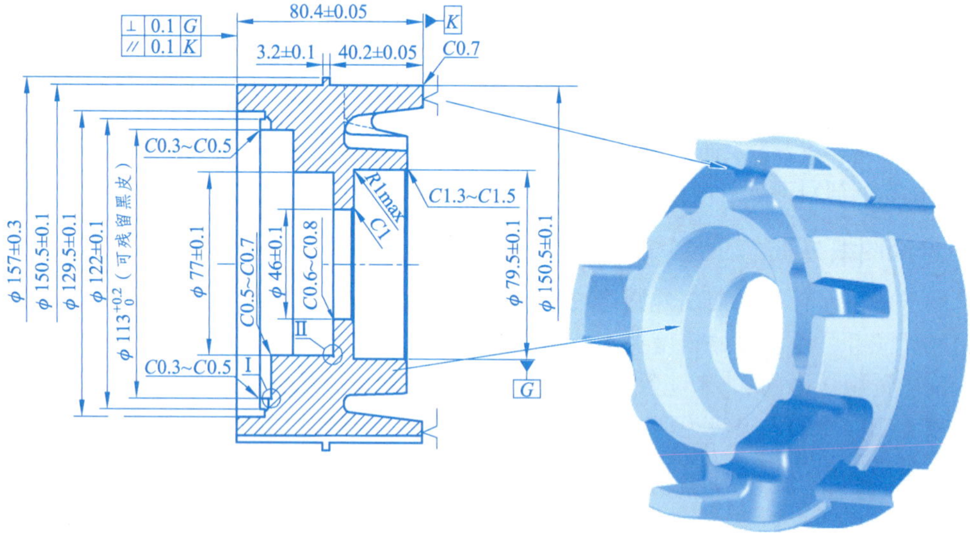

图 6.33　第二工序

5. 刀具选用分析

结合“刀具选用的基本原则”的述说，选用加工各个部位的刀具，参见图 6.34《机械加工过程卡》。

6. 量具选用分析

按测量方法的精度系数选择，*K* 值取 1/5（一般情况）。外径/内径公差值 0.2 mm，即量具的分辨力要达到 0.04 mm，可选用数显卡尺或带表卡尺；长度公差值 0.1 mm，即量具的分辨力要达到 0.02 mm，可选用数显深度尺或直线规（大理石平台 + 数显百分表）。

（二）机加工工艺卡和工序卡

涡旋压缩机机架加工过程卡、工序卡（电机侧和涡旋侧）分别如图 6.34 ~ 图 6.36 所示。

智能综合制造实训室	机械加工工序卡	零件名称	零件图号	材料	编制	审核	会签	批准	共1页	标记	标记	更改内容	签名	日期
		机架/AA5	2AC0501C00300	HT250					第1页					

工序号	工序名称	设备/夹具	道具名称	道具编号	加工部位	量具名称	编号/规格	数据/精度	单件工时
10	电机侧加工	立式车床	车刀杆	MWLNR2525M08	粗车外圆/端面	数显深度尺	0~200	0.01	30min
		KV-250E	刀片	WNMA080412—GQ1120		带表卡尺	0~200	0.02	
		三爪	车刀杆	MWLNR2525M08	精车外圆/端面	长爪内径数显卡尺	0~200	0.01	
		0501-10_RZ	刀片	WNMA080412—GQ1120					
			车刀杆	S32T-MWLNR08	粗车内孔/端面				
			刀片	WNMG080412—GQ1120					
			车刀杆	MWLNR2525M08	精车内孔/端面				
			刀片	WNMA080412—GQ1120					
20	涡旋侧加工	立式车床	车刀杆	S32T-MWLNR08	粗车内孔/端面	数显深度尺	0~200	0.01	30min
		KV-250E	刀片	WNMG080412—GQ1120		带表卡尺	0~200	0.02	
		三爪	车刀杆	S32T-MWLNR08	精车内孔/端面	长爪内径数显卡尺	0~200	0.01	
		0501-20_RZ	刀片	WNMA080412—GQ1120		外径千分尺	75~100	0.01	
			车刀杆	FGHH325R	车端面油槽	尖爪卡尺	0~200	0.01	
			刀片	MGMN300-M		高度规		0.01	
			车刀杆	S25S-MTQNL16	车退刀槽	偏摆仪+百分表		0.01	
			刀片	TNMG160404—GQ1120					
			车刀杆	MWLNR2525M08	粗车外圆/端面				
			刀片	WNMA080412—GQ1120					
			车刀杆	MWLNR2525M08	精车外圆/端面				
			刀片	WNMA080412—GQ1120					
30	防锈	防锈流水线	防锈油	FB-6M					1.0min
40	装箱	仓储笼		使用QD的仓储笼					0.5min
			塑料薄膜	宽1000mm，厚：0.1mm（双层）					

图　　示

车刀杆：MWLNR2525M08
（刀片：WNMA080412—601120）

车刀杆：S32T-MWLNR08
（刀片：WNMG080408—GQ1120

车刀杆：FGHH325R
（刀片：MGMN300-M）

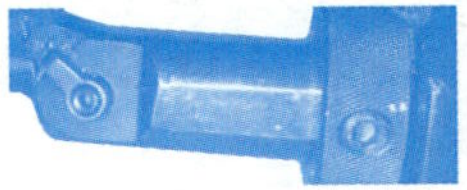

车刀杆：S25S-MTQNL16
（刀片：TNMG160404 NN）

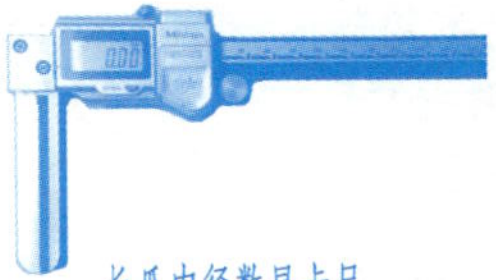

长爪内径数显卡尺

D1版

图 6.34　机械加工过程卡

智能综合制造实训室	机械加工工序卡	零件名称	零件图号	材料	工序号	电机侧加工	编制	审核	会签	批准	共4页
		机架/AA5	2AC0501C00300	HT250	10						第1页

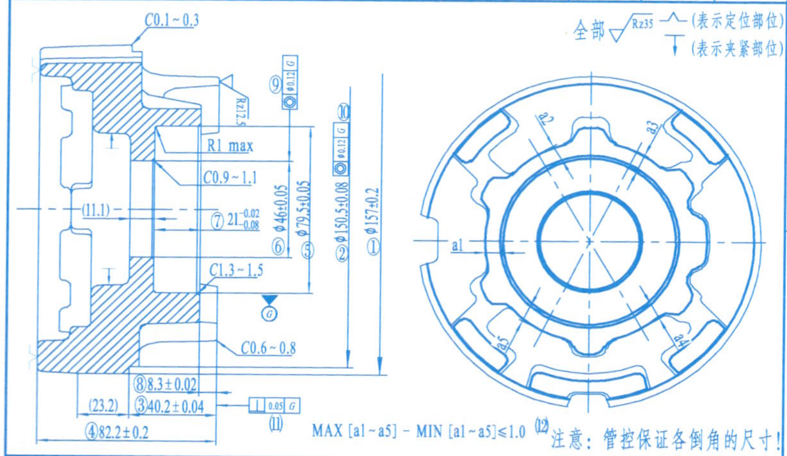

注意：管控保证各倒角的尺寸！

刀补方法：
1.粗车刀：不调刀补，到换刀频率直接更换
2.精车刀：需调刀补
3.刀补时机："始调刀补"
4.刀补量："刀补值"
5.调机或换刀时：相关尺寸达到"调机/换刀"值方可加工

作业关键要点：
1.装夹：夹持毛坯面易被夹偏见
→ 后果：车削偏心或打飞工件
→ 检验：装夹后，(程序)慢速转动主轴，目测工件甩动

装夹步骤：
加工停止 → 取工件(已加工) → 清吹工装(气枪) → 装夹工件(待加工)
转动工件(程序/目测甩动) → 启动加工 → 清洗工件(水槽/已加工) → (测量工件/已加工)

工步	工步内容（刀具/编号）	转速	进给量	换刀频率	工艺尺寸公差	始调刀补	刀补值	调机/换刀	量检具/编号	自检频率	巡检频率	专检频率
10	粗/精车外圆、端面											
(粗)	刀杆：MWLNR2525M08	S250~800	F0.20~0.45	40件/刀尖	①φ157±0.2	—	—	—	带表卡尺	1件/20件	1件/次，1次/班	1件/次，3次/班
	刀片：WNMA080412--QG1120				②φ150.5±0.08	>φ150.54	X-0.02	—	带表卡尺	1件/10件	1件/次，1次/班	1件/次，3次/班
(精)	刀杆：MWLNR2525M08	S400~1200	F0.20~0.80	80件/刀尖	③40.2±0.04	—	—	—	数显深度尺	1件/20件	1件/次，1次/班	1件/次，3次/班
	刀片：WNMA080412--QG1120				④82.2±0.2	—	—	—	带表卡尺	首件/换刀	—	—
20	粗/精车内孔、台阶面											
(粗)	刀杆：S32T- MWLNR08	S300~800	F0.30~0.80	70件/刀尖	⑤φ79.5±0.05	<φ79.46	X+0.08	—	带表卡尺	1件/20件	1件/次，1次/班	1件/次，3次/班
	刀片：WNMG080412--GQ1120				⑥φ46±0.05	—	—	—	长爪内径数显卡尺	1件/20件	1件/次，1次/班	1件/次，3次/班
(精)	刀杆：S32T- MWLNR08	S400~1200	F0.20~0.80	150件/刀尖	⑦$21_{-0.08}^{-0.02}$	—	—	—	数显深度尺	1件/20件	1件/次，1次/班	1件/次，3次/班
	刀片：WNMA080408--GQ1120				⑧8.3±0.02	≤8.29	Z-0.02	—	数显深度尺	1件/10件	1件/次，1次/班	—
					⑨⑩ ◎ φ0.12 G	—	—	◎ φ0.10 G	三坐标	首件	—	1件/次，3次/班
					⑪ ⊥ 0.05 G	—	—	⊥ 0.04 G	三坐标	首件	—	1件/次，3次/班
					⑫≤1.0	—	—	—	带表卡尺	1件/20件	1件/次，1次/班	—
30	确认（图示的各个）倒角								倒角规	首件/换刀	1件/次，1次/班	—
40	检查加工面气孔/砂眼											
	机架外观标准：QD/JS-JJJCB00004_10								目视	100%	—	—

设备名称/型号	
立式车床	KV-250E
夹治具清单	
三爪	0501-10_RZ
切削液	
水性切削液TS-802	兑比浓度：5%~8%
工位器具	流水滑台
工时定额	3.0 min
前工序	领料
后工序	工序20-涡旋侧加工

设备管理项目			
项目	夹爪跳动	基准跳动	夹爪压力
判定基准	0.1max	0.1max	17±2kgf/cm²
确认频次	1次/周	1次/周	1次/天
确认方法	磁座百分表	磁座百分表	压力表
记录方式	设备保养点检表		

备注说明
1.卡规与外径千分尺共用时，外径千分尺为准，卡规为辅。
2.外径与内孔测量时，十字方向测量两点，两点均合格为准。
3.厚度与深度测量时，均匀分布测量三点，三点均合格为准。

标记	处数	更改内容	签名	日期

D1版

图 6.35　机械加工工序卡（电机侧）

智能综合制造实训室	机械加工工序卡	零件名称	零件图号	材料	工序号	涡旋侧加工	编制	审核	会签	批准	共 4 第 2 页
		机架/AA5	2AC0501C00300	HT250	20						

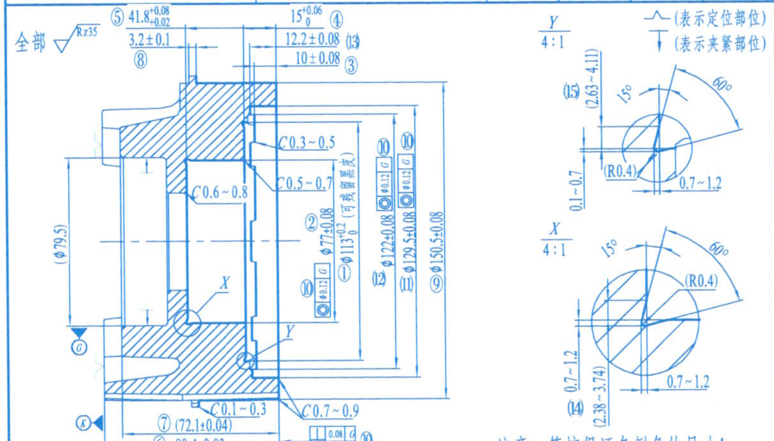

注意：管控保证各倒角的尺寸！

刀补方法：

1.粗车刀：不调刀补，到换刀频率直接更换
2.精车刀：需调刀补
3.刀补时机："始调刀补"
4.刀补量："刀补值"
5.调机或换刀时：相关尺寸达到"调机/换刀"值方可加工

作业关键要点：

1.退刀槽的刀：双轴向对刀和调刀补
——后果：退刀槽的径向侧超差
——检验：转工序或换刀首件，送"轮廓仪"测量退刀槽

装夹步骤：

加工停止 —— 取工件(已加工) —— 清吹工装(气枪) —— 装夹工件(待加工)
启动加工 —— 清洗工件(水桶/已加工) —— (测量工件/已加工)

工步	工步内容（刀具/编号）	转速	进给量	换刀频率	工艺尺寸公差	始调刀补	刀补值	调机/换刀	量检具/编号	自检频率	巡检频率	专检频率
10	粗/精车内孔、端面				① $\phi113.0^{+0.2}_{0}$	—	—	—	带表卡尺	1件/20件	1件/次，1次/班	1件/次，3次/班
(粗)	刀杆：S32T- MWLNR08 刀片：WNMG080412--QG1120	S200~800	F0.15~0.35	80件/刀尖	② $\phi77.0\pm0.08$	$<\phi76.96$	X+0.08	—	长爪内径数显卡尺	1件/20件	1件/次，1次/班	1件/次，3次/班
					③ 10.0 ± 0.08	<9.96	Z-0.08	—	数显深度尺	1件/20件	1件/次，1次/班	1件/次，3次/班
(精)	刀杆：S32T- MWLNR08 刀片：WNMA080412--QG1120	S400~1200	F0.15~0.40	100件/刀尖	④ $15^{+0.06}_{0}$	<15.02	Z-0.02	—	数显深度尺	1件/20件	1件/次，1次/班	1件/次，3次/班
					⑤ $41.8^{+0.08}_{+0.02}$	—	—	—	数显深度尺	1件/20件	1件/次，1次/班	1件/次，3次/班
					⑥ 80.4 ± 0.03	>80.42	Z-0.04	—	千分尺/高度规	100%	1件/次，1次/班	1件/次，3次/班
					⑩ ◎ φ0.12 G ⊥ 0.08 G // 0.08 K	—	—	φ0.10/0.06/0.06	三坐标/偏摆仪+百分表	首件	1件/次，1次/班	1件/次，3次/班
20	车油槽				⑪ $\phi129.5\pm0.08$	$<\phi129.46$	X+0.08	—	带表卡尺	1件/20件	1件/次，1次/班	1件/次，3次/班
	刀杆：FGHH325R 刀片：MGMN300-M	S600~700	F0.10~0.30	120件/刀尖	⑫ $\phi122\pm0.08$	$>\phi122.04$	X-0.08	—	尖爪卡尺	1件/20件	1件/次，1次/班	1件/次，3次/班
					⑬ 12.2 ± 0.08	<12.16	Z-0.08	—	数显深度尺	1件/10件	1件/次，1次/班	1件/次，3次/班
30	车退刀槽				⑭ 2.38~3.74	—	—	2.5~3.5	投影仪	首件/换刀	—	—
	刀杆：S25S- MTQNL16 刀片：TNMG160404--GD1120	S500~700	F0.10~0.50	160件/刀尖	⑮ 2.63~4.11	—	—	2.8~3.8	投影仪	首件/换刀	—	—
40	粗/精车外圆 (粗)刀杆：MWLNR2525M08 刀片：WNMA080412--GQ1120	S350~900	F0.20~0.35	80件/刀尖	⑧ 3.2 ± 0.1	—	—	—	带表卡尺	1件/40件	1件/次，1次/班	1件/次，3次/班
	(精)刀杆：MWLNR2525M08 刀片：WNMA080412--GQ1120	S400~1200	F0.20~0.40	100件/刀尖	⑨ $\phi150.5\pm0.08$	$>\phi150.54$	X-0.02	—	带表卡尺	1件/10件	1件/次，1次/班	1件/次，3次/班
50	确认（图示的各个）倒角								投影仪	首件/换刀	—	—
60	检查加工面气孔/砂眼	机架外观标准：QD/JS-JJJCB00004_20							目视	100%	—	—

设备名称/型号	
立式车床	KV-250E
夹治具清单	
三爪	0501-20_RZ
切削液	
水性切削液TS-802	兑比浓度：5%~8%
工位器具	流水滑台
工时定额	3.0 min
前工序	工序20-涡旋侧加工
后工序	工序30-防锈

设备管理项目			
项目	夹爪跳动	基准跳动	夹爪压力
判定基准	0.03max	0.03max	$25\pm2kgf/cm^2$
确认频次	1次/周	1次/周	1次/天
确认方法	磁座百分表	磁座百分表	压力表
记录方式	设备保养点检表		

备注说明

1.卡规与外径千分尺共用时，外径千分尺为准，卡规为辅。
2.外径与内孔测量时，十字方向测量两点，两点均合格为准。
3.厚度与深度测量时，均匀分布测量三点，三点均合格为准。

标记	处数	更改内容	签名	日期

D1版

图 6.36　机械加工工序卡（涡旋侧）

模块七 产品制造过程

一、FANUC 系统加工编程基本知识

（一）G 指令

1. 概　述

G 指令由指令地址 G 和其后的 1 ~ 2 位指令值组成（图 7.1），用来规定刀具相对工件的运动方式、进行坐标设定等多种操作，G 指令功能见表 7.1。

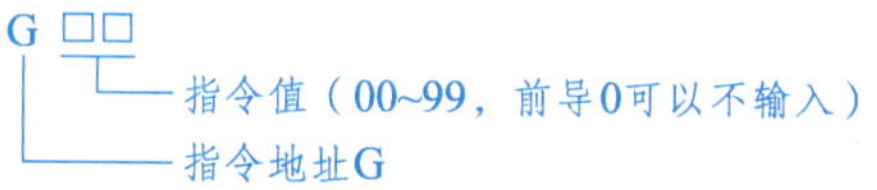

图 7.1　G 指令

G 指令字分为 00、01、02、03、04 组。除 01 与 00 组代码不能共段外，同一个程序段中可以输入几个不同组的 G 指令字，如果在同一个程序段中输入了两个或两个以上的同组 G 指令字时，最后一个 G 指令字有效。没有共同参数（指令字）的不同组 G 指令可以在同一程序段中，功能同时有效并且与先后顺序无关。如果使用了表 7.1 以外的 G 指令或选配功能的 G 指令，系统会报警。

表 7.1　G 指令字一览表

指令字	组别	功能	备注
G00	01	快速移动	初态 G 指令
G01		直线插补	模态 G 指令
G02		圆弧插补（逆时针）	
G03		圆弧插补（顺时针）	
G32		螺纹切削	
G90		轴向切削循环	
G92		螺纹切削循环	
G94		径向切削循环	
G04	00	暂停、准停	非模态 G 指令
G10		数据输入方式有效	
G11		取消数据输入方式	

续表

指令字	组别	功能	备注
G28	00	返回机床第 1 参考点	非模态 G 指令
G30		返回机床第 2、3、4 参考点	
G50		坐标系设定	
G65		宏指令	
G70		精加工循环	
G71		轴向粗车循环	
G72		径向粗车循环	
G73		封闭切削循环	
G74		轴向切槽多重循环	
G75		径向切槽多重循环	
G76		多重螺纹切削循环	
G20	06	英制单位选择	模态 G 指令
G21		公制单位选择	初态 G 指令
G96	02	恒线速开	模态 G 指令
G97		恒线速关	初态 G 指令
G98	03	每分进给	初态 G 指令
G99		每转进给	模态 G 指令
G40	07	取消刀尖半径补偿	初态 G 指令
G41		刀尖半径左补偿	模态 G 指令
G42		刀尖半径右补偿	

2. 模态、非模态及初态

G 指令分为 00、01、02、03、06、07 组。其中 00 组 G 指令为非模态 G 指令，其他组 G 指令为模态 G 指令，G00、G97、G98、G40、G21 为初态 G 指令。

G 指令执行后，其定义的功能或状态保持有效，直到被同组的其他 G 指令改变，这种 G 指令称为模态 G 指令。模态 G 指令执行后，其定义的功能或状态被改变以前，后续的程序段执行该 G 指令字时，可不需要再次输入该 G 指令。

G 指令执行后，其定义的功能或状态一次性有效，每次执行该 G 指令时，必须重新输入该 G 指令字，这种 G 指令称为非模态 G 指令。

系统上电后，未经执行其功能或状态就有效的模态 G 指令称为初态 G 指令。上电后不输入 G 指令时，按初态 G 指令执行。BRSK820TA 的初态指令为 G00、G21、G40、G97、G98。

3. 指令字的省略输入

为简化编程，表 7.2 所列举的指令字具有执行后指令值保持的特点，如果在前面的程序段中已经包含了这些指令字，在后续的程序段中需要使用指令值相同、意义相同的指令字时，可以不必输入。

表 7.2　指令地址及功能意义

指令地址	功能意义	上电时的初始值
U	G71 中切削深度	No.51 参数值
U	G73 中 X 轴退刀距离	No.53 参数值
W	G72 中切削深度	No.51 参数值
W	G73 中 Z 轴退刀距离	No.54 参数值
R	G71、G72 循环退刀量	No.52 参数值
R	G73 中粗车循环次数	No.55 参数值
R	G74、G75 中切削后的退刀量	No.56 参数值
R	G76 中精加工余量	No.60 参数值
R	G90、G92、G94、G76 中锥度	0
（G98）F	分进给速度（G98）	No.030 参数值
（G99）F	转进给速度（G99）	0
F	公制螺纹螺距（G32、G92、G76）	0
I	英制螺纹螺距（G32、G92）	0
S	主轴转速指定（G97）	0
S	主轴线速指定（G96）	0
S	主轴转速开关量输出	0
P	G76 中螺纹切削精加工次数 G76 中螺纹切削螺纹退刀宽度 G76 中螺纹切削刀尖角度	No.57 参数值 No.19 参数值 No.58 参数值
Q	G76 中最小切入量	No.59 参数值

注：1. 有多种功能的指令地址（如 F，可用于给定每分进给、每转进给、公制螺纹螺距等）只在指令字执行后、再次执行相同的功能定义指令字时才允许省略输入。例如，执行了 G98 F、未执行螺纹指令，进行公制螺纹加工时必须用 F 指令字输入螺距。

2. 在地址 X（U）、Z（W）用于给定程序段终点坐标时允许省略输入，程序段中未输入 X（U）或 Z（W）坐标指令字时，系统取当前的 X 轴或 Z 轴的绝对坐标作为程序段终点的坐标值。

3. 使用表 7.2 中未列入的指令地址时，必须输入相应的指令字，不能省略输入。

示例 1：

```
O0001;
G0 X100 Z100;      （快速移动至 X100 Z100；模态指令字 G0 有效）
X20 Z30;           （快速移动至 X20 Z30；模态指令字 G0 可省略输入）
G1 X50 Z50 F300;  （直线插补至 X50 Z50，进给速度 300 mm/min；模态指令字 G1 有效）
X100;              （直线插补至 X100 Z50，进给速度 300 mm/min；未输入 Z 轴坐标，
```

取当前坐标值 Z50；F300 保持、G01 为模态指令字可省略输入）

```
G0 X0 Z0;              （快速移动至 X0 Z0，模态指令字 G0 有效）
M30;
```

示例 2：

```
O0002;
G0 X50 Z5;             （快速移动至 X50 Z5）
G04 X4;                （延时 4 s）
G04 X5;                （再次延时 5 s，G04 为非模态 G 指令字，必须再次输入）
M30;
```

示例 3（上电第一次运行）：

```
O0003;
G98 F500 G01 X100 Z100;     （G98 每分进给，进给速度为 500 mm/min）
G92 X50 W-20 F2;            （螺纹切削，F 值为螺距必须输入）
G99 G01 U10 F0.01           （G99 每转进给，F 值重新输入）
G00 X80 Z50 M30;
```

4. 相关定义

以下内容的阐述中，未做特殊说明时有关词（字）的意义如下：

起点：当前程序段运行前的位置。

终点：当前程序段执行结束后的位置。

X：终点 *X* 轴的绝对坐标。

U：终点与起点 *X* 轴绝对坐标的差值。

Z：终点 *Z* 轴的绝对坐标。

W：终点与起点 *Z* 轴绝对坐标的差值。

F：切削进给速度。

（二）M 代码

M 代码说明见表 7.3。

表 7.3　M 代码说明

M 代码	说　明
M00	程序停
M01	选择停止
M02	程序结束（复位）
M03	主轴正转
M04	主轴反转
M05	主轴停
M08	切削液开

续表

M 代码	说　明
M09	切削液关
M10	高压夹头夹紧
M11	高压夹头放松
M12	顶针下降
M13	顶针上升
M18	主轴定位取消
M19	主轴定位开启
M25	误差检测开启
M26	误差检测关闭
M27	倒角有效
M28	倒角无效
M30	程序结束（复位）并回到开头
M43	低压夹头夹紧
M44	低压夹头放松
M48	主轴过载取消关闭
M49	主轴过载取消开启
M52	底床切削液水开启
M53	底床切削液水关闭
M60	自动门关
M61	自动门开
M85	主轴吹气开启
M86	主轴吹气关闭
M94	镜像取消
M95	X 坐标镜像
M96	Y 坐标镜像
M98	子程序调用
M99	子程序结束

二、加工程序编写

（一）快速定位 G00

（1）指令格式。

G00 X（U）_ Z（W）;_

（2）指令功能。

X 轴、*Z* 轴同时从起点以各自的快速移动速度移动到终点，如图 7.2 所示。

两轴以各自独立的速度移动，短轴先到达终点，长轴独立移动剩下的距离，其合成轨迹不一定是直线。

（3）指令说明。

① G00 为初态 G 指令。

② X、U、Z、W 取值范围为 – 9 999.999 ~ + 9 999.999 mm。

③ X（U）、Z（W）可省略一个或全部，当省略一个时，表示该轴的起点和终点坐标值一致。

④ 同时省略表示终点和始点是同一位置，X 与 U、Z 与 W 在同一程序段时 X、Z 有效，U、W 无效。

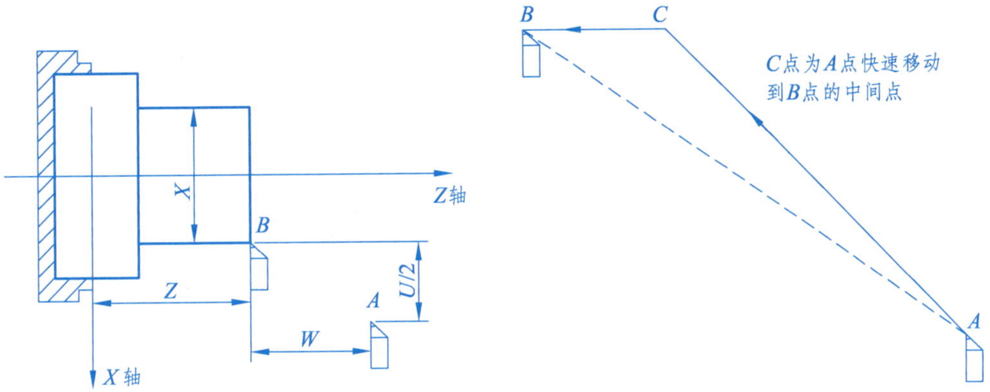

图 7.2　G00 指令运动轨迹

⑤ *X*、*Z* 轴各自快速移动速度分别由系统数据参数 No.022、No.023 设定，实际的移动速度可通过机床面板的快速倍率键进行修调。

示例：刀具从 *A* 点快速移动到 *B* 点（图 7.3）。

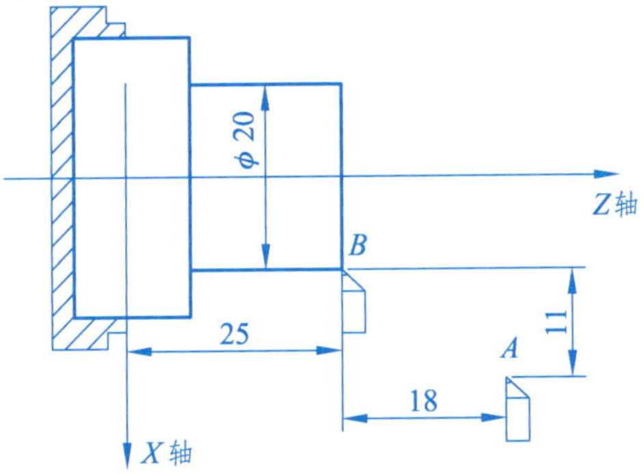

图 7.3　刀具从 A 点快速移动到 B 点

```
G0 X20 Z25;        （绝对坐标编程）
G0 U-22 W-18;      （相对坐标编程）
G0 X20 W-18;       （混合坐标编程）
G0 U-22 Z25;       （混合坐标编程）
```

（二）直线插补 G01

（1）指令格式。

G01　X（U）_　Z（W）_　F_;

（2）指令功能。

运动轨迹为从起点到终点的一条直线，轨迹如图 7.4 所示。

（3）指令说明。

① G01 为模态 G 指令。

② X、U、Z、W 取值范围为 – 9 999.999 ~ + 9 999.999 mm。

③ X（U）、Z（W）可省略一个或全部，当省略一个时，表示该轴的起点和终点坐标值一致；同时省略表示终点和始点是同一位置。

④ F 指令值为 *X* 轴方向和 *Z* 轴方向的瞬时速度的矢量合成速度，实际的切削进给速度为进给倍率与 F 指令值的乘积。

⑤ F 指令值执行后，此指令值一直保持（见表 7.4），直至新的 F 指令值被执行。后述其他 G 指令使用的 F 指令字功能相同时，不再详述。

表 7.4　指令取值范围

指令功能	G98/（mm/min）	G99/（mm/r）
取值范围	1 ~ 8000	0.001 ~ 500

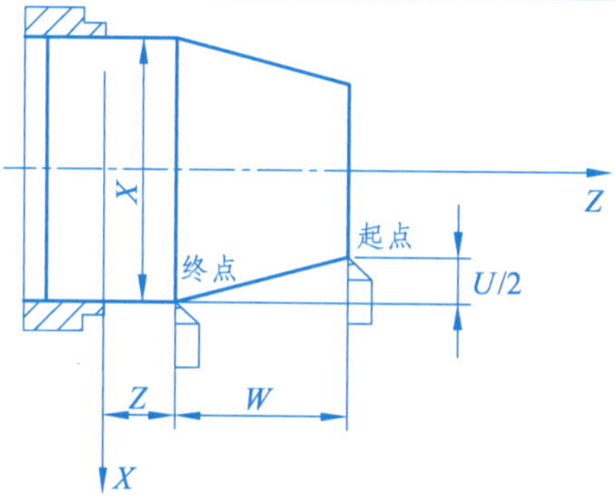

图 7.4　G01 指令运动轨迹

（4）示例：从 ϕ40 切削到 ϕ60 的程序指令（图 7.5）。

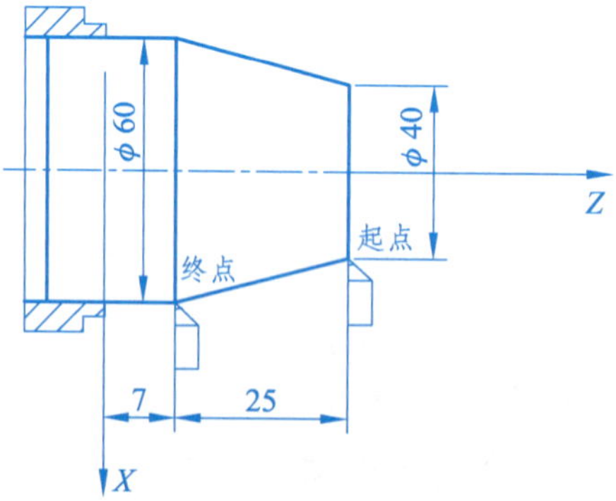

图 7.5　从 ϕ40 切削到 ϕ60 的程序指令

程序：

```
G01 X60 Z7 F500;  （绝对值编程）
G01 U20 W-25;     （相对值编程）
G01 X60 W-25;     （混合编程）
G01 U20 Z7;       （混合编程）
```

（三）圆弧插补 G02、G03

（1）指令格式。

```
G02 ┐                  ┌ R__
    ├ X(U)__  Z(W)__  ┤
G03 ┘                  └ I__  K__
```

（2）指令功能。

G02 指令运动轨迹为从起点到终点的顺时针（后刀座坐标系）/逆时针（前刀座坐标系）圆弧，轨迹如图 7.6（a）所示。

G03 指令运动轨迹为从起点到终点的逆时针（后刀座坐标系）/顺时针（前刀座坐标系）圆弧，轨迹如图 7.6（b）所示。

指令轨迹图：

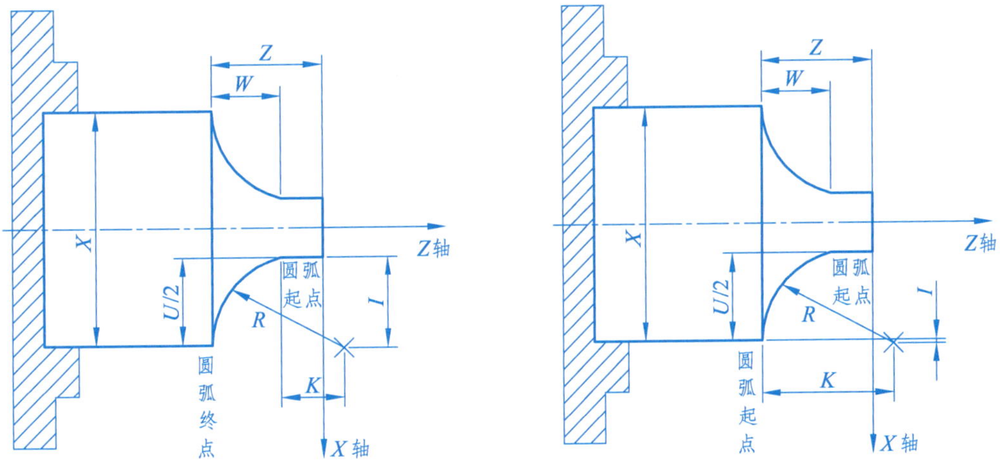

（a）G02 轨迹图　　（b）G03 轨迹图

图 7.6　指令轨迹

（3）指令说明。

① G02、G03 为模态 G 指令。

② R 为圆弧半径，取值范围 –9 999.999 ~ 9 999.999 mm。

③ I 为圆心与圆弧起点在 X 方向的差值，用半径表示，取值范围 –9 999.999 ~ 9 999.999 mm。

④ K 为圆心与圆弧起点在 Z 方向的差值，取值范围 –9 999.999 ~ 9 999.999 mm。

⑤ 圆弧中心用地址 I、K 指定时，其分别对应于 X、Z 轴，I、K 表示从圆弧起点到圆心的矢量分量，是增量值，如图 7.7 所示。

I = 圆心坐标 X – 圆弧起始点的 X 坐标；K = 圆心坐标 Z – 圆弧起始点的 Z 坐标；I、K 根据方向带有符号，I、K 方向与 X、Z 轴方向相同，则取正值；否则，取负值。

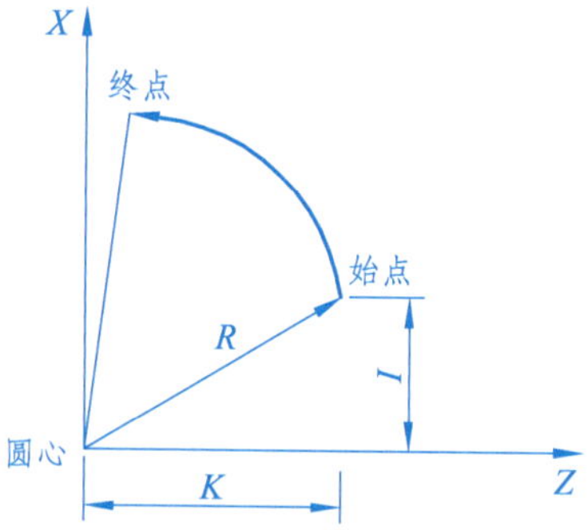

图 7.7

⑥ 圆弧方向：G02/G03 圆弧的方向定义，在前刀座坐标系和后刀座坐标系是相反的，如图 7.8 所示。

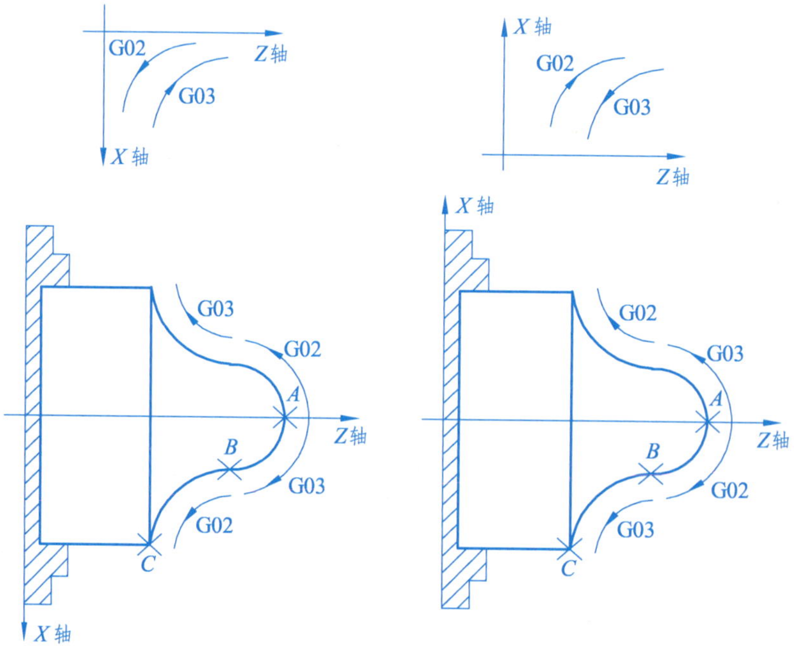

图 7.8　圆弧方向定义

（4）注意事项。

① 当 $I=0$ 或 $K=0$ 时，可以省略；但指令地址 I、K 或 R 必须至少输入一个，否则系统产生报警。

② I、K 和 R 同时输入时，R 有效，I、K 无效。

③ R 值必须等于或大于起点到终点的一半，如果终点不在用 R 指令定义的圆弧上，系统会产生报警。

④ 地址 X（U）、Z（W）可省略一个或全部；当省略一个时，表示省略的该轴的起点和终点一致；同时省略表示终点和始点是同一位置，若用 I、K 指令圆心时，执行 G02/G03 指令的轨迹为全圆（360°）；用 R 指定时，表示 0°的圆。

⑤ 建议使用 R 编程。当使用 I、K 编程时，为了保证圆弧运动的始点和终点与指定值一致，系统按半径 $R=\sqrt{I^2+K^2}$ 运动。

⑥ 若使用 I、K 值进行编程，若圆心到的圆弧终点距离不等于 R（$R=\sqrt{I^2+K^2}$），系统会自动调整圆心位置保证圆弧运动的始点和终点与指定值一致，如果圆弧的始点与终点间距离大于 $2R$，系统报警。

⑦ R 指令时，可以是大于 180°和小于 180°圆弧，R 为负值时为大于 180°的圆弧，R 为正值时为小于或等于 180°的圆弧。

（5）示例：从 ϕ45.25 切削到 ϕ63.06 的圆弧程序指令（图 7.9）。

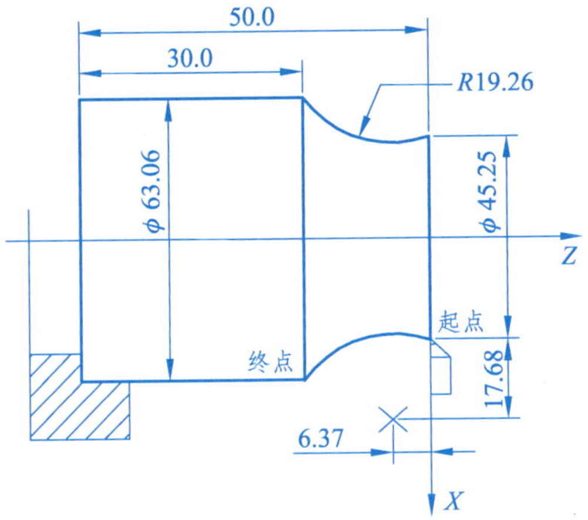

图 7.9　从直径 ϕ45.25 切削到 ϕ63.06 的圆弧程序指令

程序：

```
G02 X63.06 Z-20.0 R19.26 F300;
G02 U17.81 W-20.0 R19.26 F300;
G02 X63.06 Z-20.0 I17.68 K-6.37;
G02 U17.81 W-20.0 I17.68 K-6.37 F300。
```

（6）G02/G03 指令综合编程实例（图 7.10）。

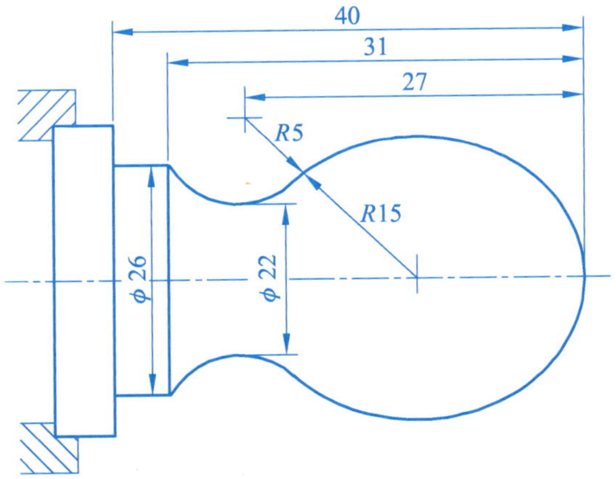

图 7.10　圆弧编程实例

程序：O0001

```
N001 G0 X40 Z5;              (快速定位)
N002 M03 S200;               (主轴开)
N003 G01 X0 Z0 F900;         (靠近工件)
N005 G03 U24 W-24 R15;       (切削 R15 圆弧段)
N006 G02 X26 Z-31 R5;        (切削 R5 圆弧段)
N007 G01 Z-40;               (切削 φ26)
N008 X40 Z5;                 (返回起点)
N009 M30;                    (程序结束)
```

（四）倒角功能

倒角功能是在两轮廓间插入一段直线或圆弧，使刀具能比较平滑地从一轮廓过渡到另一轮廓，包括直线和圆弧两种倒角功能。

1. 直线倒角

直线倒角：在直线轮廓之间、圆弧轮廓之间、直线轮廓与圆弧轮廓之间插入一条直线。直线倒角的指令地址为 L，指令地址 L 后的数据为倒角直线的长度。直线倒角必须在 G01、G02 或 G03 指令段中使用。

（1）直线接直线（图 7.11）。

① 指令格式。

```
G01  X(U)_  Z(W)_  L_;
G01  X(U)_  Z(W)_;
```

② 指令功能。

在两直线插补指令段中插入一段直线段。

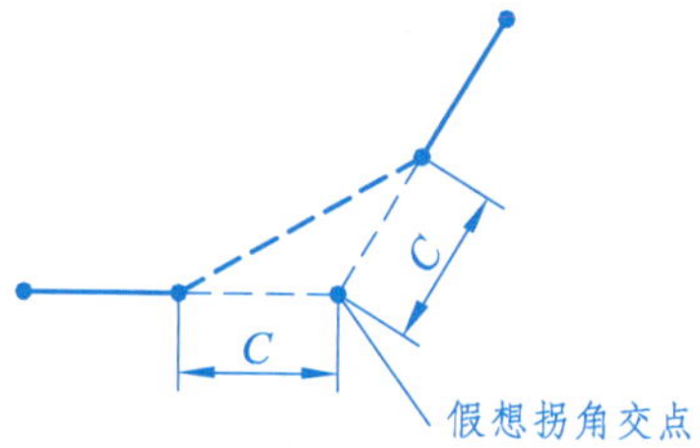

图 7.11　直线接直线（直线倒角）

（2）直线接圆弧（图 7.12）。

① 指令格式。

```
G01  X(U)_  Z(W)_  L_;
G02/G03  X(U)_  Z(W)_  R_;
```

或

```
G01  X(U)_  Z(W)_  L_;
G02/G03  X(U)_  Z(W)_  I_  K_;
```

② 指令功能。

在直线和圆弧插补指令间插入一段直线段。

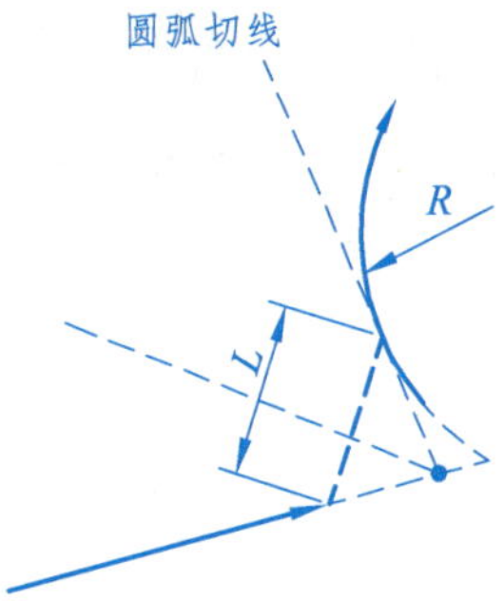

图 7.12　直线接圆弧（直线倒角）

（3）圆弧接圆弧（图 7.13）。

① 指令格式。

```
G02/G03  X(U)_  Z(W)_  R_  L_;
G02/G03  X(U)_  Z(W)_  R_;
```

或

```
G02/G03  X(U)_  Z(W)_  I_  K_  L_;
G02/G03  X(U)_  Z(W)_  I_  K_;
```

② 指令功能。

在两段圆弧插补指令间插入一段直线段。

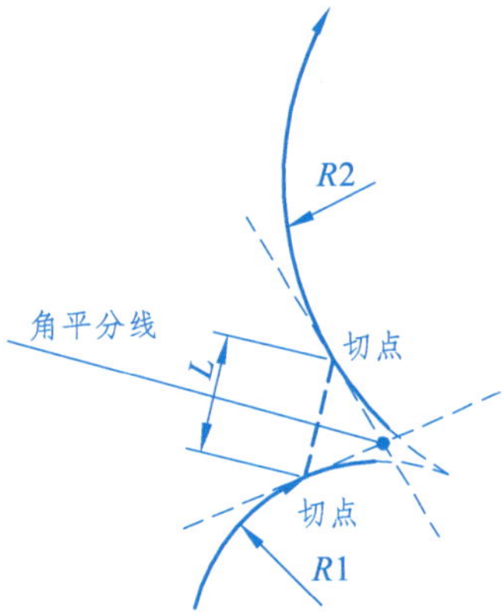

图 7.13　圆弧接圆弧（直线倒角）

（4）圆弧接直线（图 7.14）。

① 指令格式。

```
G02/G03  X(U)_  Z(W)_  R_  L_;
G01  X(U)_  Z(W)_;
```

或

```
G02/G03  X(U)_  Z(W)_  I_  K_  L_;
G01  X(U)_  Z(W)_;
```

② 指令功能。

在圆弧和直线插补指令间插入一段直线段。

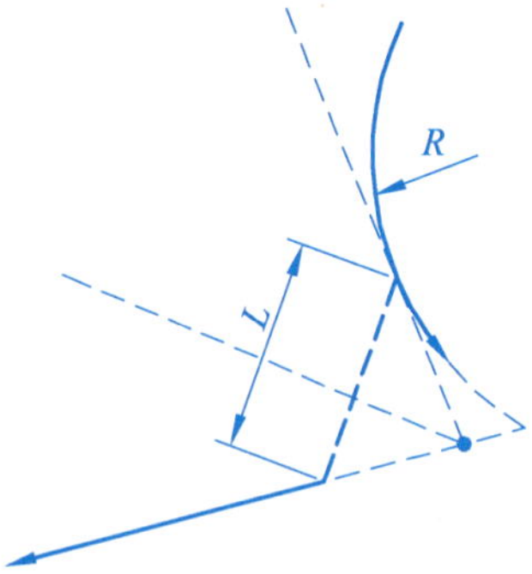

图 7.14　圆弧接直线（直线倒角）

2. 圆弧倒角

圆弧倒角：在直线轮廓之间、圆弧轮廓之间、直线轮廓与圆弧轮廓之间插入一圆弧，圆弧与轮廓线间进行切线过渡。圆弧倒角的指令地址为 D，指令地址 D 后的数据为倒角圆弧的半径。圆弧倒角必须在 G01、G02 或 G03 指令段中使用。

（1）直线接直线（图 7.15）。

① 指令格式。

G01　X（U）_　Z（W）_　D_;

G01　X（U）_　Z（W）_;

② 指令功能。

在两段直线插补段中插入一段圆弧，插入的圆弧段与两直线相切，半径为指令地址 D 后的数据。

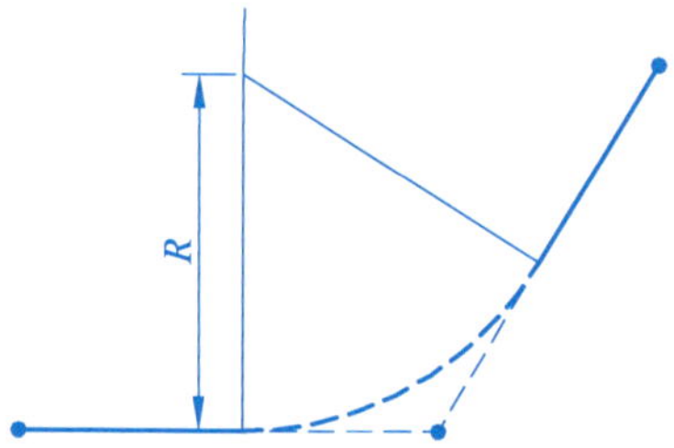

图 7.15　直线接直线（圆弧倒角）

（2）直线接圆弧（图 7.16）。

① 指令格式。

G01　X（U）_　Z（W）_　D_;

G02/G03　X（U）_　Z（W）_　R_;

或

G01　X（U）_　Z（W）_　D_;

G02/G03　X（U）_　Z（W）_　I_　K_;

② 指令功能。在直线与圆弧交接处插入一段圆弧，插入的圆弧段与直线、圆弧均相切，半径为指令地址 D 后的数据。

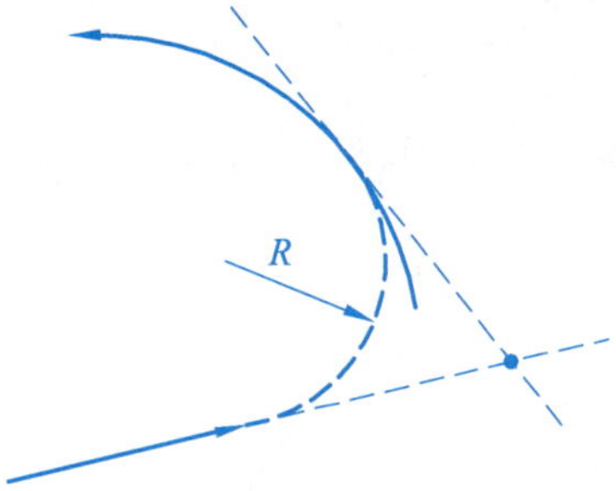

图 7.16　直线接圆弧（圆弧倒角）

（3）圆弧接圆弧（图 7.17）。

① 指令格式。

G02/G03　X（U）_　Z（W）_　R_　D_;

G02/G03　X（U）_　Z（W）_　R_;

或

G02/G03　X（U）_　Z（W）_　R_　D_;

G02/G03　X（U）_　Z（W）_　I_　K_;

或

G02/G03　X（U）_　Z（W）_　I_　K_　D_;

G02/G03　X（U）_　Z（W）_　I_　K_;

或

G02/G03　X（U）_　Z（W）_　I_　K_　D_;

G02/G03　X（U）_　Z（W）_　R_;

② 指令功能。

在两段圆弧插补段间插入一段圆弧，插入的圆弧段与两圆弧均相切，半径为指令地址 D 后的数据。

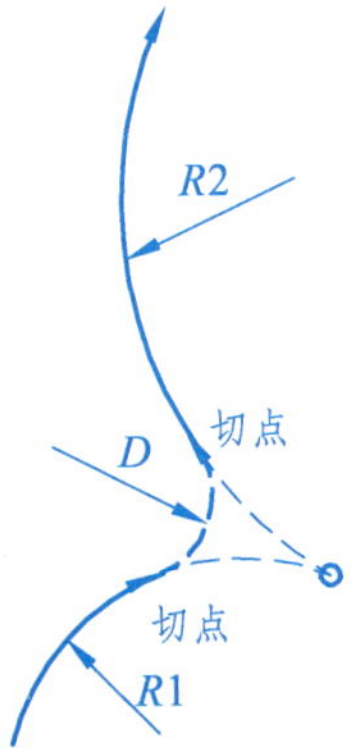

图 7.17　圆弧接圆弧（圆弧倒角）

（4）圆弧接直线（图 7.18）。

① 指令格式：G02/G03　X（U）_　Z（W）_　R_　D_;

```
G01  X(U)_  Z(W)_;
或
G02/G03  X(U)_  Z(W)_  I_  K_  D_;
G01  X(U)_  Z(W)_;
```

② 指令功能：在圆弧与直线的交接处插入一段圆弧，插入的圆弧段与圆弧、直线均相切，半径为指令地址 D 后的数据。

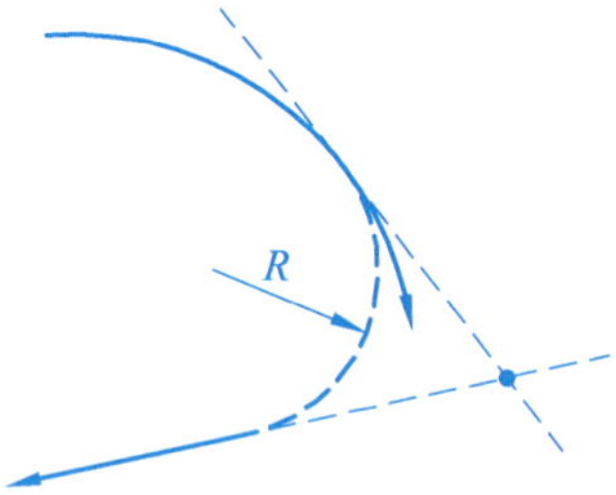

图 7.18 圆弧接直线（圆弧倒角）

（五）暂停指令 G04

（1）指令格式。

```
G04  P__; 或
G04  X__; 或
G04  U__; 或
G04;
```

（2）指令功能：各轴运动停止，不改变当前的 G 指令模态和保持的数据、状态，延时给定的时间后，再执行下一个程序段。

（3）指令说明。

G04 为非模态 G 指令；

G04 延时时间由指令字 P__、X__或 U__指定；

P、X、U 指令范围为 0.001 ~ 99 999.999 s，指令字 P__、X__和 U__指令值的时间单位，见表 7.5。

表 7.5 P__、X__和 U__指令值的时间单位

地址	P	U	X
单位	0.001 s	s	s

（4）注意事项：

① 当 P、X、U 未输入时或 P、X、U 指定负值时，表示程序段间准确停。

② P、X、U 在同一程序段，P 有效；X、U 在同一程序段，X 有效。

③ G04 指令执行中，进行进给保持的操作，当前延时的时间要执行完毕后方可暂停。

（六）机床第一参考点 G28

（1）指令格式。

```
G28  X(U)   Z(W)  Y(V);
```

（2）指令功能。

从起点开始，以快速移动速度到达 X（U）、Z（W）、Y（V）指定的中间点位置后再回机械零点。

（3）指令说明。

G28 为非模态 G 指令；

X、Z、Y：中间点位置的绝对坐标；

U、W、V：中间点位置与起点位置的 X 轴绝对坐标的差值。

指令地址 X（U）、Z（W）可省略一个或全部，详见表 7.6。

表 7.6　机床第一参考点 G28 格式及功能

指　令	功　能
G28　X（U）	*X* 轴回机械零点，*Z*、*Y* 轴保持在原位
G28　Z（W）	*Z* 轴回机械零点，*X*、*Y* 轴保持在原位
G28　Y（V）	*Y* 轴回机械零点，*Z*、*X* 轴保持在原位
G28	保持在原位，继续执行下一程序段
G28　X（U）　Z（W）　Y（V）	*X*、*Z*、*Y* 轴同时回机械零点

（4）指令动作过程（图 7.19）。

① 快速从当前位置定位到指令轴的中间点位置（*A* 点→*B* 点）；

② 快速从中间点定位到参考点（*B* 点→*R* 点）。

③ 若非机床锁住状态，返回参考点完毕时，回零灯亮。

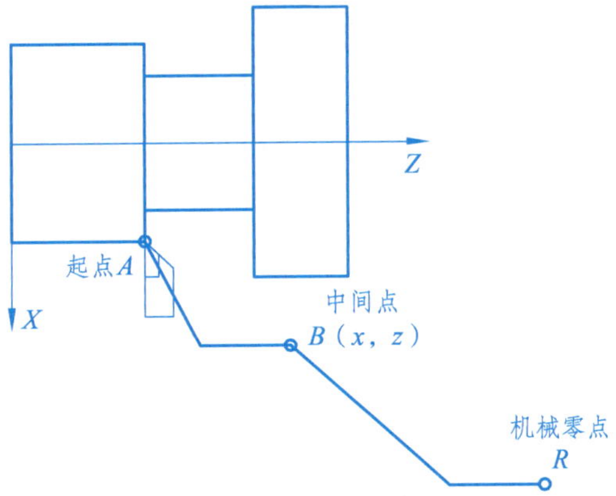

图 7.19　G28 指令动作过程

注：1. 手动回机械零点与执行 G28 指令回机械零点的过程一致，每次都必须检测减速信号与一转信号。

2. 从 *A* 点→*B* 点及 *B* 点→*R* 点过程中，两轴是以各自独立的快速速度移动的，因此，其轨迹并不一定是直线。

3. 执行 G28 指令回机械零点操作后，系统取消刀具长度补偿。

4. 如果机床未安装零点开关，不得执行 G28 指令与返回机械零点的操作。

（七）工件坐标系设定 G50

（1）指令格式。

G50 X（U）__ Z（W）__；

（2）指令功能。

设置当前位置的绝对坐标，通过设置当前位置的绝对坐标在系统中建立工件坐标系（也称浮动坐标系）。执行本指令后，系统将当前位置作为程序零点，执行回程序零点操作时，返回这一位置。工件坐标系建立后，绝对坐标编程按这个坐标系输入坐标值，直至再次执行 G50 建立新的工件坐标系。

（3）指令说明。

G50 为非模态 G 指令。

X：当前位置新的 *X* 轴绝对坐标。

U：当前位置新的 *X* 轴绝对坐标与执行指令前的绝对坐标的差值。

Z：当前位置新的 *Z* 轴绝对坐标。

W：当前位置新的 *Z* 轴绝对坐标与执行指令前的绝对坐标的差值。

G50 指令中，X（U）、Z（W）均未输入时，不改变当前坐标值，把当前点坐标值设定为程序零点；未输入 X（U）或 Z（W），未输入的坐标轴保持原来设定的程序零点。

（4）示例。

当执行指令段“G50 X100 Z150;”后，建立了如图 7.20 所示的工件坐标系，并将（*X*100，*Z*150）点设置为程序零点。

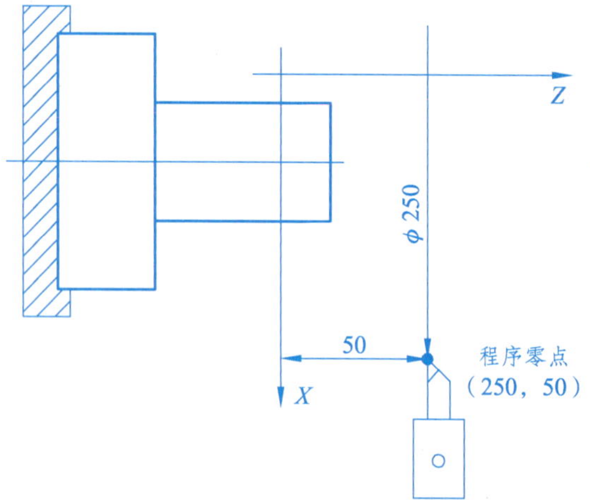

（a）用 G50 设置坐标系前

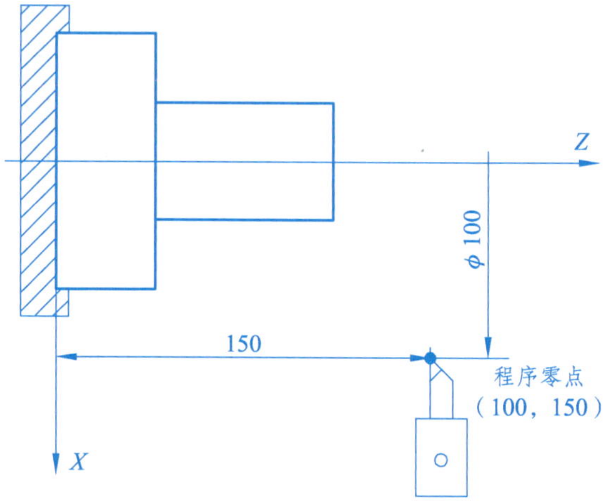

（b）用 G50 设置坐标系后

图 7.20 工件坐标系设定 G50

注：当状况参数 003 号的 Bit4 位为 1（以坐标偏移方式执行刀具偏置）时，当执行 T 功能指令而又未执行移动指令时，用 G50 设定坐标系，系统显示的绝对坐标值为 G50 设定的坐标值加上或减去未执行的刀补值，并把此点作为程序零点，见表 7.7。

表 7.7　有刀补值时是否执行移动指令的差异

当前刀补状态	执行移动指令	执行 G50 X20 Z20 显示坐标值	01 号刀补值
T0100 或 T0101	G0 X_ Z	X：20　Z：20	X：12 Z：23
	未执行移动指令	执行 G50 X20 Z20 显示坐标值	
	※※※	X：8　Z：-3 或 X：32　Z：43	

（八）固定循环指令

为了简化编程，只用一个程序段完成快速移动定位、直线/螺纹切削、最后快速移动返回起点的单次加工循环的 G 指令 G90：轴向切削循环；G92：螺纹切削循环；G94：径向切削循环。

1. 轴向切削循环 G90

（1）指令格式。

G90 X（U）__ Z（W）__ F__；（圆柱切削）

G90 X（U）__ Z（W）__ R__ F__；（圆锥切削）

（2）指令功能。

从切削点开始，进行径向（*X* 轴）进刀、轴向（*Z* 轴或 *X*、*Z* 轴同时）切削，实现柱面或锥面切削循环。

（3）指令说明。

G90 为模态指令。

切削起点：直线插补（切削进给）的起始位置。

切削终点：直线插补（切削进给）的结束位置。

X：切削终点 *X* 轴绝对坐标（mm）。

U：切削终点与起点 *X* 轴绝对坐标的差值（mm）。

Z：切削终点 *Z* 轴绝对坐标（mm）。

W：切削终点与起点 *Z* 轴绝对坐标的差值（mm）。

R：切削起点与切削终点 *X* 轴绝对坐标的差值（半径值），带方向，当 R 与 U 的符号不一致时，要求$|R| \leq |U/2|$；$R = 0$ 或缺省输入时，进行圆柱切削，如图 7.21，否则进行圆锥切削，如图 7.22 所示。

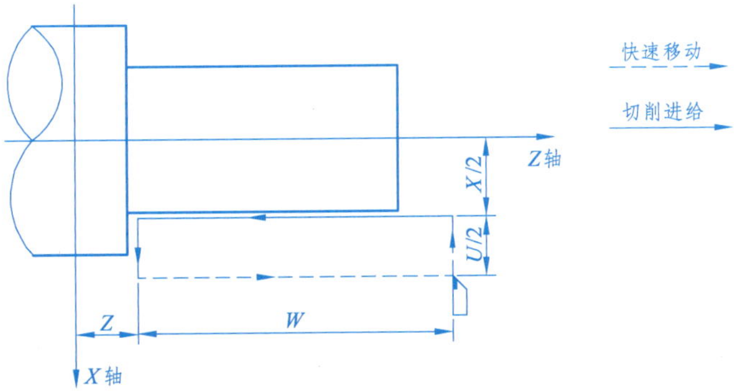

图 7.21　圆柱切削

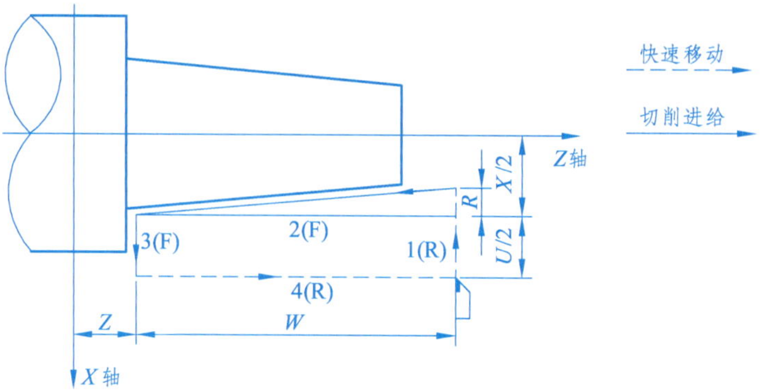

图 7.22　圆锥切削

（4）循环过程。

① X 轴从起点快速移动到切削起点。

② 从切削起点直线插补（切削进给）到切削终点。

③ X 轴以切削进给速度退刀，返回到 X 轴绝对坐标与起点相同处。

④ Z 轴快速移动返回到起点，循环结束。

（5）指令轨迹。

U、W、R 反应切削终点与起点的相对位置，U、W、R 在符号不同时组合的刀具轨迹，如图 7.23 所示。

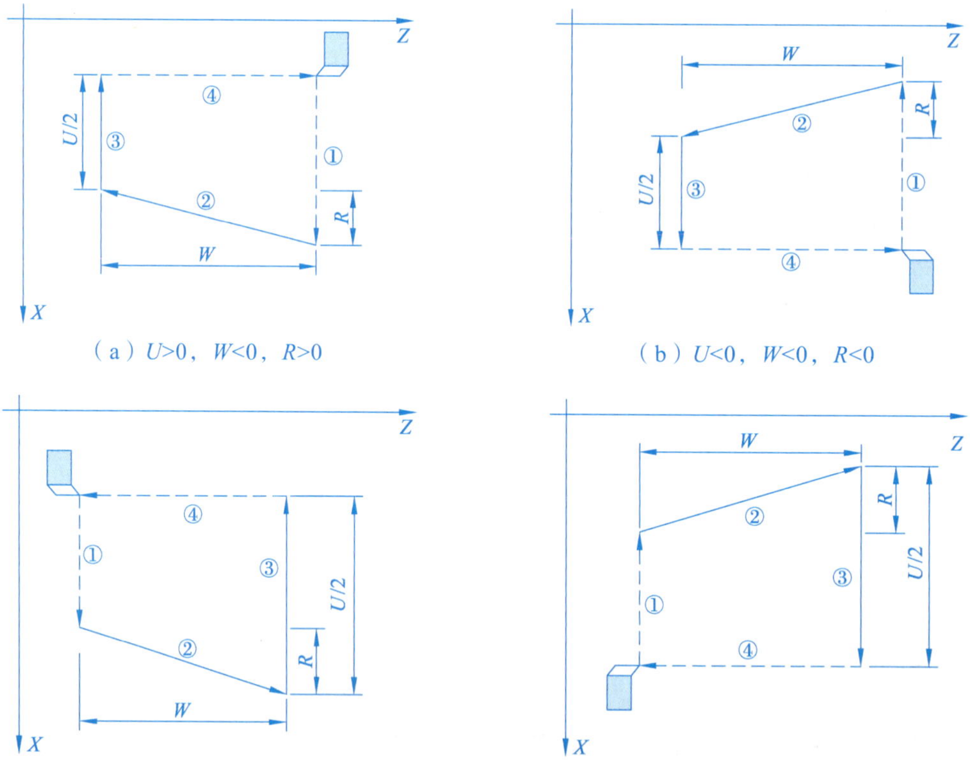
（a）$U>0$，$W<0$，$R>0$

（b）$U<0$，$W<0$，$R<0$

（c）$U>0$，$W>0$，$R<0$、$|R|\leqslant|U/2|$

（d）$U<0$，$W>0$，$R>0$、$|R|\leqslant|U/2|$

图 7.23　G90 刀具轨迹

（6）示例：使用 G90 指令，将 ϕ125 × 112 毛坯切削成如图 7.24 所示的零件。

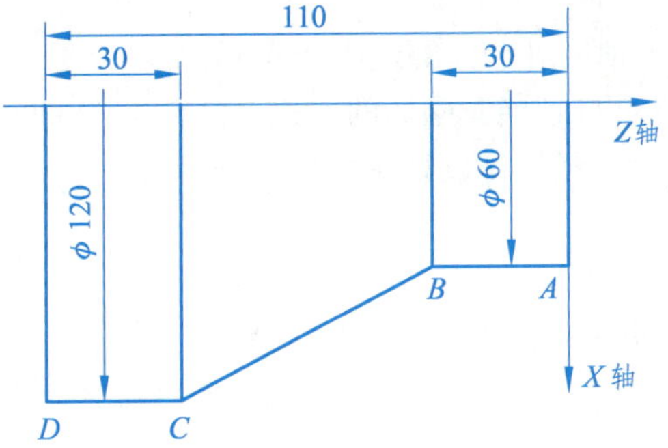

图 7.24

程序：O0002;

```
M3 S300 G0 X130 Z3;
G90 X120 Z-110 F200;      （A→D，φ120 切削）
X110 Z-30;
X100;
X90;                      （A→B，φ60 切削，分 6 次进刀循环切
X80;                       削，每次进刀 10mm）
X70;
X60;
G0 X120 Z-30;
G90 X120 Z-44 R-7.5 F150;
Z-56 R-15
Z-68 R-22.5               （B→C，锥度切削，分 4 次进刀循环切削）
Z-80 R-30
M30;
```

2. 径向切削循环 G94

（1）指令格式。

G94 X（U）__ Z（W）__ F__;　（端面切削）

G94 X（U）__ Z（W）__ R__ F__;（锥度端面切削）

（2）指令功能。

从切削点开始，轴向（*Z* 轴）进刀、径向（*X* 轴或 *X*、*Z* 轴同时）切削，实现端面或锥面切削循环，指令的起点和终点相同。

（3）指令说明。

G94 为模态指令。

切削起点：直线插补（切削进给）的起始位置（mm）。

切削终点：直线插补（切削进给）的结束位置（mm）。

X：切削终点 *X* 轴绝对坐标（mm）。

U：切削终点与起点 X 轴绝对坐标的差值（mm）。

Z：切削终点 Z 轴绝对坐标（mm）。

W：切削终点与起点 Z 轴绝对坐标的差值（mm）。

R：切削起点与切削终点 Z 轴绝对坐标的差值，当 R 与 U 的符号不同时，要求$|R|\leq|W|$，径向直线切削如图 7.25 所示，径向锥度切削如图 7.26 所示。

（4）循环过程。

① Z 轴从起点快速移动到切削起点。

② 从切削起点直线插补（切削进给）到切削终点。

③ Z 轴以切削进给速度退刀（与①方向相反），返回到 Z 轴绝对坐标与起点相同处。

④ X 轴快速移动返回到起点，循环结束。

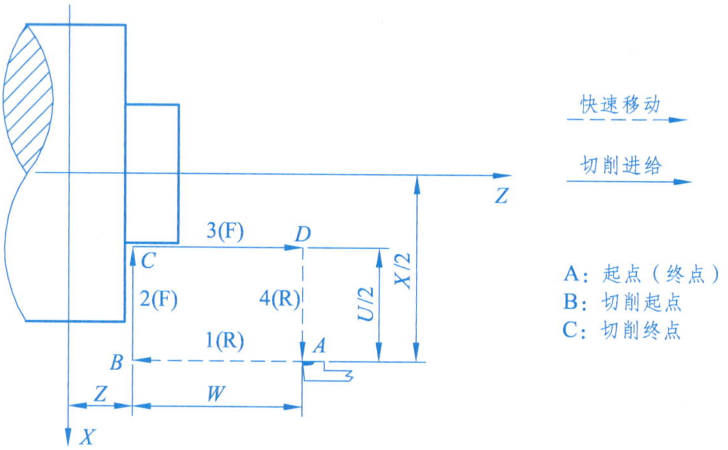

图 7.25　直线切削

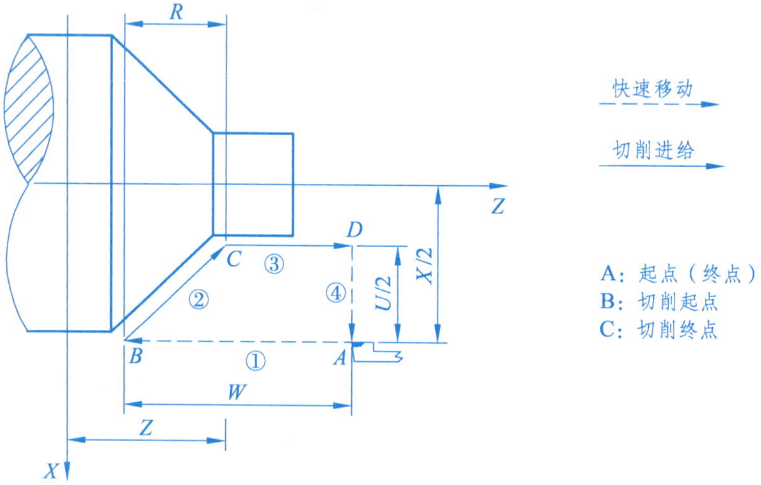

图 7.26　锥度切削

（5）指令轨迹。

U、W、R 反应切削终点与起点的相对位置，U、W、R 在符号不同时组合的刀具轨迹，如图 7.27 所示。

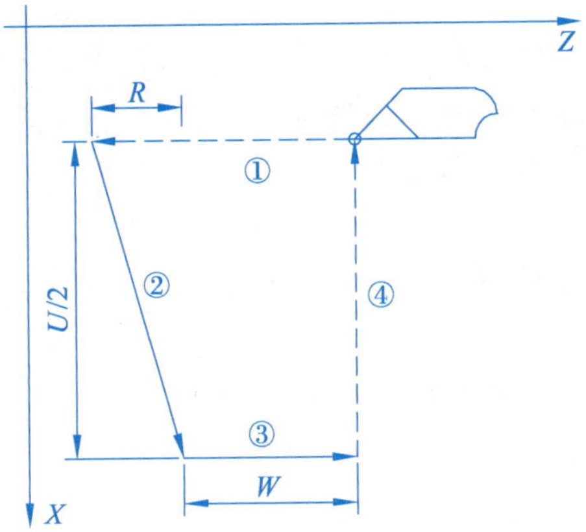

（a）U>0，W<0，R<0，

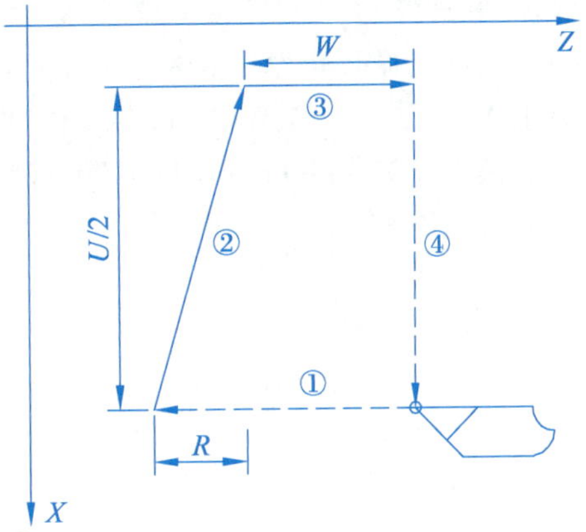

（b）U<0，W<0，R<0

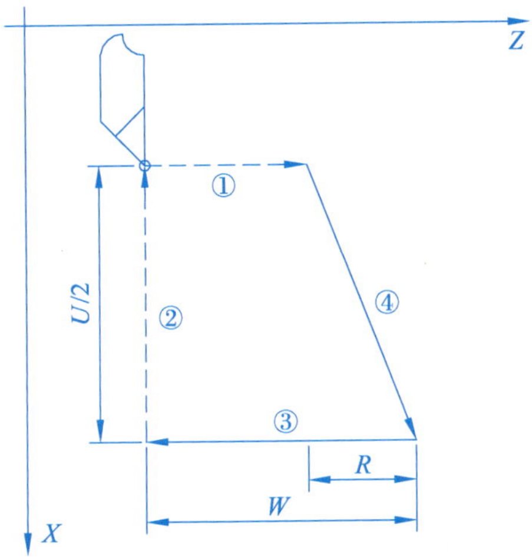

（c）U>0，W>0，R<0（$|R|\leqslant|W|$），

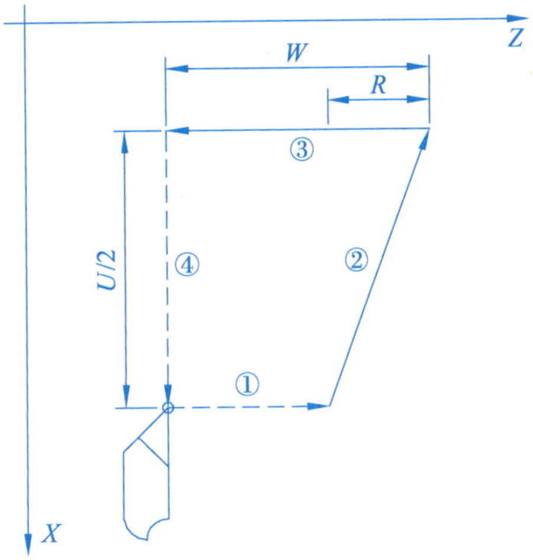

（d）U<0，W>0，R<0（$|R|\leqslant|W|$）

图 7.27　G94 刀具轨迹

（6）示例使用 G94 指令，将ϕ125×112 毛坯切削线如图 7.24 所示的零件。

程序：O0003;

```
G00 X130 Z5 M3 S1;
G94 X0 Z0 F200              端面切削
X120 Z-110 F300;            （外圆φ120 切削）
G00 X120 Z0
G94 X108 Z-30 R-10
X96 R-20
X84 R-30                    （C→B→A，φ60 切削）
X72 R-40
X60 R-50;
M30;
```

3. 固定循环指令的注意事项

（1）在固定循环指令中，X（U）、Z（W）、R 一经执行，在没有执行新的固定循环指令重新给定 X（U）、Z（W）、R 时，X（U）、Z（W）、R 的指令值保持有效。如果执行了除 G04 以外的非模态（00 组）G 指令或 G00、G01、G02、G03、G32 时，X（U）、Z（W）、R 保持的指令值被清除。

（2）在录入方式下执行固定循环指令时，运行结束后，必须重新输入指令才可以进行和前面同样的固定循环。

（3）在固定循环 G90 ~ G94 指令的下一个程序段紧跟着使用 M、S、T 指令，G90 ~ G94 指令不会多执行循环一次；下一程序段只有 EOB（；）的程序段时，则固定循环会重复执行前一次循环动作，如

```
…
N010 G90 X20.0 Z10.0 F400;
N011;                    （此处重复执行 G90 一次）
…
```

（4）在固定循环 G90、G94 指令中，执行暂停或单段的操作，运动到当前轨迹终点后单段停止。

（九）螺纹切削指令

多种螺纹切削功能，可加工英制/公制的单头、多头、变螺距螺纹与攻牙循环，螺纹退尾长度、角度可变，多重循环螺纹切削可单边切削，保护刀具，提高表面光洁度。螺纹功能包括连续螺纹切削指令 G32、变螺距螺纹切削指令 G34、攻牙循环切削指令 G33、螺纹循环切削指令 G92、螺纹多重循环切削指令 G76。

使用螺纹切削功能机床必须安装主轴编码器，由 NO.070 号参数设置主轴编码器线数，NO.110、NO.111 号参数设置主轴与编码器的传动比。切削螺纹时，系统收到主轴编码器一转信号才移动 *X* 轴或 *Z* 轴开始螺纹加工，因此只要不改变主轴转速，可以分粗车、精车多次切削完成同一螺纹的加工。

多种螺纹切削功能可用于加工没有退刀槽的螺纹，但由于在螺纹切削的开始及结束部分 *X* 轴、*Z* 轴有加减速过程，此时的螺距误差较大，因此仍需要在实际的螺纹起点与结束时留出螺纹引入长度与退刀的距离。

在螺纹螺距确定的条件下，螺纹切削时 *X* 轴、*Z* 轴的移动速度由主轴转速决定，与切削进给速度倍率无关。螺纹切削时主轴倍率控制有效，主轴转速发生变化时，由于 *X* 轴、*Z* 轴加减速的原因会使螺距产生误差。因此，螺纹切削时不要进行主轴转速调整，更不要停止主轴，主轴停止将导致刀具和工件损坏。

1. 等螺距螺纹切削指令 G32

（1）指令格式。

```
G32 X(U)_ Z(W)_ F(I)_ J_ K_ Q_
```

（2）指令功能。

刀具的运动轨迹是从起点到终点的一条直线，如图 7.28 所示。从起点到终点位移量（*X*

轴按半径值）较大的坐标轴称为长轴，另一个坐标轴称为短轴，如图 7.28（a）所示。运动过程中主轴每转一圈长轴移动一个导程，短轴与长轴做直线插补。刀具切削工件时，在工件表面形成一条等螺距的螺旋切槽，实现等螺距螺纹的加工。F、I 指令字分别用于给定公制、英制螺纹的螺距，执行 G32 指令可以加工公制或英制等螺距的直螺纹、锥螺纹和端面螺纹和连续的多段螺纹加工。

（3）指令说明。

G32 为模态 G 指令。

螺纹的螺距是指主轴转一圈长轴的位移量（X 轴位移量则按半径值）。

起点和终点的 X 坐标值相同（不输入 X 或 U）时，进行直螺纹切削。

起点和终点的 Z 坐标值相同（不输入 Z 或 W）时，进行端面螺纹切削。

起点和终点 X、Z 坐标值都不相同时，进行锥螺纹切削。

F：公制螺纹螺距，为主轴转一圈长轴的移动量，取值范围 0.001 ~ 500 mm，F 指令值执行后保持有效，直至再次执行给定螺纹螺距的 F 指令字。

I：每英寸螺纹的牙数，为长轴方向 1 in（25.4 mm）长度上螺纹的牙数，也可理解为长轴移动 1 in（25.4 mm）时主轴旋转的圈数，取值范围 0.06 ~ 25 400 牙/英寸。I 指令值执行后保持有效，直至再次执行给定螺纹螺距的 I 指令字。

J：螺纹退尾时在短轴方向的移动量（退尾量），取值范围 – 9 999.999 ~ 9 999.999 mm，带正负方向；如果短轴是 X 轴，该值为半径指定；J 值是模态参数。

K：螺纹退尾时在长轴方向的长度，取值范围 0 ~ 9 999.999 mm，如果长轴是 X 轴，则该值为半径指定；不带方向；K 值是模态参数。

Q：起始角，指主轴一转信号与螺纹切削起点的偏移角度。取值范围 0 ~ 360 000（单位：0.001°）。Q 值是非模态参数，每次使用都必须指定，如果不指定就认为是 0°。

Q 使用规则：

① 如果不指定 Q，即默认为起始角 0°。

② 对于连续螺纹切削，除第一段的 Q 有效外，后面螺纹切削段指定的 Q 无效，即使定义了 Q 也被忽略。

③ 由起始角定义分度形成的多头螺纹总头数不超过 65 535 头。

④ Q 的单位为 0.001°，若与主轴一转信号偏移 180°，程序中需输入 Q180000，如果输入的为 Q180 或 Q180.0，均认为是 0.18°。

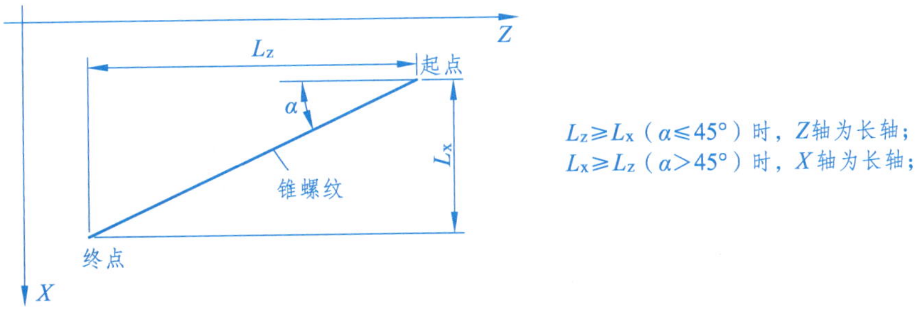

（a）

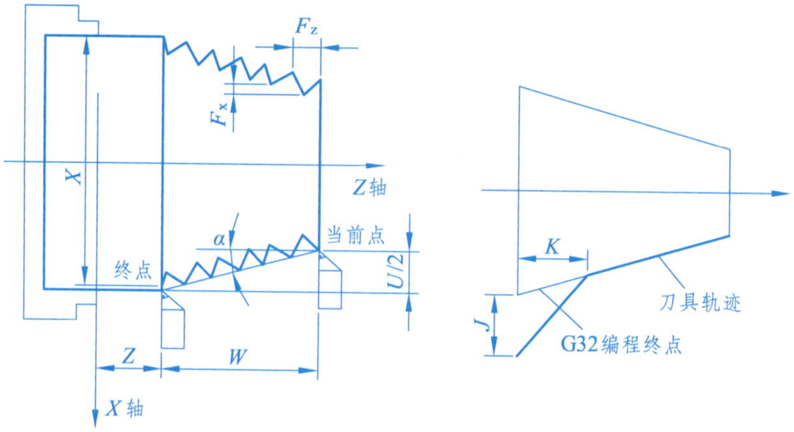

（b）

图 7.28 G32 轨迹图

（4）注意事项：

① J、K 是模态指令，连续螺纹切削时下一程序段省略 J、K 时，按前面的 J、K 值进行退尾，在执行非螺纹切削指令时取消 J、K 模态。

② 省略 J 或 J、K 时，无退尾；省略 K 时，按 K=J 退尾。

③ J=0 或 J=0、K=0 时，无退尾。

④ J≠0，K=0 时，按 J=K 退尾。

⑤ J=0，K≠0 时，无退尾。

⑥ 当前程序段为螺纹切削，下一程序段也为螺纹切削，在下一程序段切削开始时不检测主轴位置编码器的一转信号，直接开始螺纹加工，此功能可实现连续螺纹加工。

⑦ 执行进给保持操作后，系统显示“暂停”螺纹切削不停止，直到当前程序段执行完才停止运动；如为连续螺纹加工则执行完螺纹切削程序段才停止运动，程序运行暂停。

⑧ 在单段运行，执行完当前程序段停止运动，如为连续螺纹加工则执行完螺纹切削程序段才停止运动。

⑨ 系统复位、急停或驱动报警时，螺纹切削减速停止。

（5）示例：车制如图 7.29 所示的螺距为 2 mm 的螺纹。其中，$\delta_1 = 3$ mm，$\delta_2 = 2$ mm，总切深 2 mm，分两次切入。

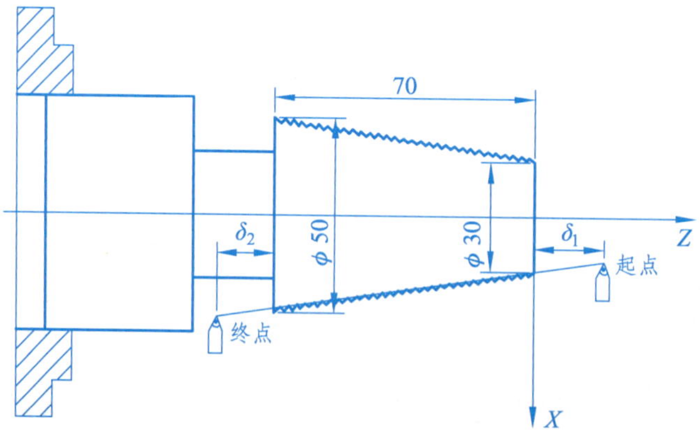

图 7.29

程序：

```
O0009;
G00 X28 Z3;          （第一次切入 1 mm）
G32 X51 W-75 F2.0;   （锥螺纹第一次切削）
G00 X55;             （刀具退出）
W75;                 （Z 轴回起点）
X27;                 （第二次再进刀 0.5 mm）
G32 X50 W-75 F2.0;   （锥螺纹第二次切削）
G00 X55;             （刀具退出）
W75;                 （Z 轴回起点）
M30;
```

2. 变螺距螺纹切削指令 G34

（1）指令格式。

G34 X（U）__ Z（W）__ F（I）__ J__ K__ R__;

（2）指令功能。

刀具的运动轨迹是从 *X*、*Z* 轴起点位置到程序段指定的终点位置的一条直线。从起点到终点位移量（*X* 轴按半径值）较大的坐标轴称为长轴，另一个坐标轴称为短轴。运动过程中主轴每转一圈长轴移动一个导程，并且主轴每转一圈移动的螺距是不断增加或减少指定的值，在工件表面形成一条变螺距的螺旋切槽，实现变螺距螺纹的加工。切削时，可以设定退刀量。

F、I 指令字分别用于给定公制、英制螺纹的螺距，执行 G34 指令可以加工公制或英制变螺距的直螺纹、锥螺纹和端面螺纹。

（3）指令说明。

G34 为模态 G 指令。

X（U）、Z（W）、J、K 的意义与 G32 一致。

F：从起点坐标值开始的第一个螺距的公制螺纹，取值范围 0.001 ~ 500 mm。

I：从起点坐标值开始的第一个螺距的英制螺纹，取值范围 0.06 ~ 25 400 牙/英寸。

R：主轴每转螺距的增量值或减量值，$R = F_1 - F_2$，*R* 带有方向；$F_1>F_2$ 时，*R* 为负值时螺距递减；$F_1<F_2$ 时，*R* 为正值时螺距递增，如图 7.30 所示。

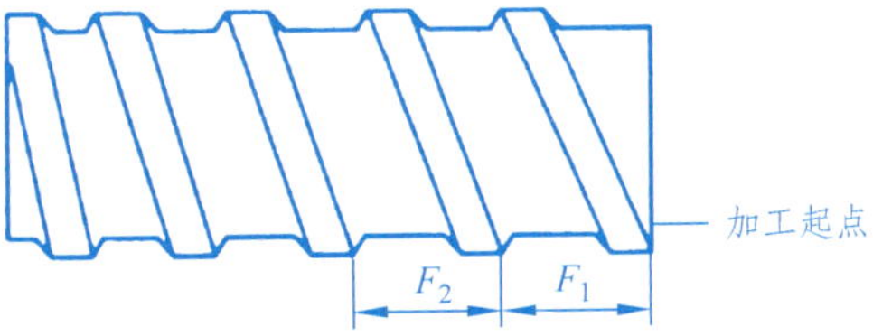

图 7.30 变螺距螺纹示图

R 值的范围：± 0.001 ~ ± 500.000 毫米/每螺距（公制螺纹）；± 0.060 ~ ± 25 400 牙/每英寸（英制螺纹）。

当 *R* 值超过上述范围和因 *R* 的增加/减小使螺距超过允许值或螺距出现负值时产生报警。

（4）注意事项。

与 G32 螺纹切削相同。

（5）示例：车制如图 7.31 所示的螺纹起始点的第一个螺距 4 mm，主轴每转螺距的增量值 0.2 mm。

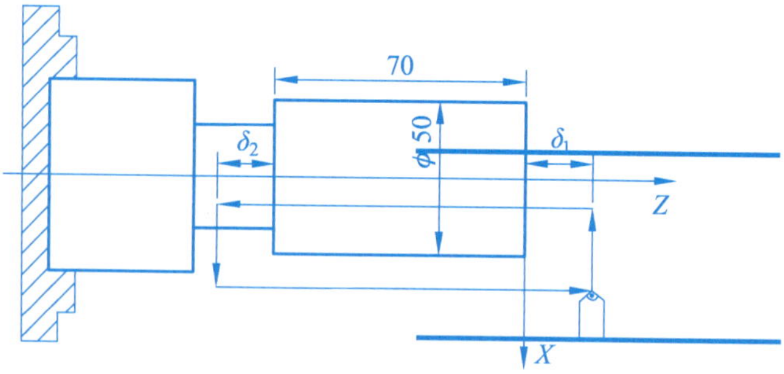

图 7.31　变螺纹加工

多次使用 G34 循环切削时，使用宏变量可简化编程。取值：$\delta_1 = 4$ mm，$\delta_2 = 4$ mm，总切削深度 4 mm，总切削循环 15 次；第一次进刀 0.8 mm，每次递减切削量 0.2 mm，最小进给量 0.2 mm。

程序：O0010;

```
G00 X60 Z4 M03 S500;
G65 H01 P#202 Q800;             第一次进刀量：赋值#202=0.8 mm
G65 H01 P#203 Q0;               循环计数：赋值#203=0
N10 G65 H02 P#204 Q#203 R1;     循环计数开始：#204=#203 + 1
G65 H01 P#203 Q#204;            #203=#204
G65 H81 P30 Q#204 R15;          总切削循环次数：#204=15，转移到 N30 程序段
G00 U-10;                       进刀至φ50
G65 H01 P#200 Q#202;            切削进给量：#200=#202
G00 U-#200;                     进刀
G34 W-78 F3.8 J5 K2 R0.2;       变螺距螺纹切削
G00 U10;                        退刀
Z4;                             Z 轴返回始点
G65 H03 P#201 Q#200 R200;       再次切削进给的递减量：#201=#200 - 0.2
G65 H01 P#202 Q#201;            重新赋值#202=#201
G65 H86 P20 Q#202 R200;         进给量判断：#202≤0.2 mm 时转移到 N20 程序段
G65 H80 P10;                    无条件转移到 N10 程序段
N20 G65 H01 P#202 R200;         最小进给量：#202=0.2
G65 H80 P10;                    无条件转移到 N10 程序段
N30 M30;
```

3. *Z* 轴攻丝循环 G33

（1）指令格式。

G33 Z(W)__ F(I)__ L__;

（2）指令功能。

刀具的运动轨迹是从起点到终点，再从终点回到起点。运动过程中主轴每转一圈 Z 轴移动一个螺距，与丝锥的螺距始终保持一致，在工件内孔形成一条螺旋切槽，可一次切削完成内孔的螺纹加工。

（3）指令说明。

G33 为模态 G 指令。

Z（W）：不输入 Z 或 W 时，起点和终点的 Z 坐标值相同，不进行螺纹切削。

F：公制螺纹螺距，取值范围 0.001 ~ 500 mm。

I：每英寸螺纹的牙数，取值范围 0.06 ~ 25 400 牙/英寸。

L：多头螺纹的头数，取值范围 1 ~ 99，省略 L 时默认为 1 头。

（4）循环过程。

① Z 轴进刀攻牙（G33 指令前必须指定主轴开）。

② 到达编程指定的 Z 轴坐标终点后，M05 信号输出。

③ 检测主轴完全停止后。

④ 主轴反转信号输出（与原来主轴旋转的方向相反）。

⑤ Z 轴退刀到起点。

⑥ M05 信号输出，主轴停转。

⑦ 如为多头螺纹，重复① ~ ⑤步骤。

（5）示例：车制如图 7.32 所示的 M10 × 1.5 螺纹。

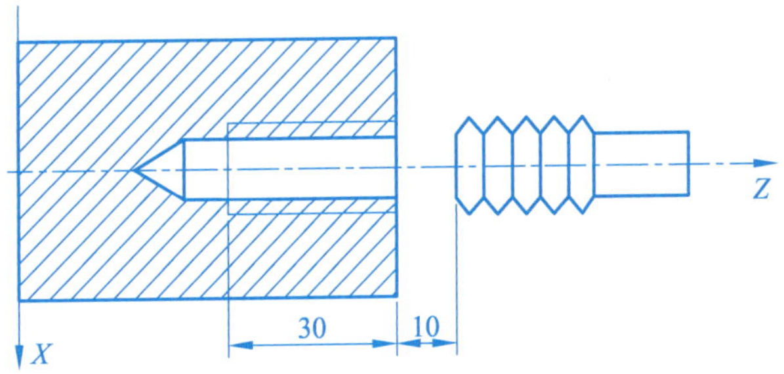

图 7.32

程序：

```
O0011;
G00 Z90 X0 M03;        启动主轴
G33 Z50 F1.5;          攻牙循环
M03                    再启动主轴
G00 X60 Z100;          继续加工
M30
```

注：1. 攻牙前应根据丝锥的旋向来确定主轴旋转方向，攻牙结束后主轴将停止转动，如需继续加工则需要重新启动主轴。

2. 此指令是刚性攻牙，在主轴停止信号有效后，主轴还将有一定的减速时间才停止旋转，此时 Z 轴将仍然跟随主轴的转动而进给，直到主轴完全停止，因此加工时螺纹的底孔位置应比实际的需要位置稍深一些，具体超出的长度根据攻牙时主轴转速高低和主轴刹车装置而决定。

3. 攻牙切削时 Z 轴的移动速度由主轴转速与螺距决定，与切削进给速度倍率无关。

4. 在单程序段运行或执行进给保持操作，系统显示"暂停"，攻牙循环不停止，直到攻牙完成后回到起始点才停止运动。

5. 系统复位、急停或驱动报警时，攻牙切削减速停止。

4. 螺纹切削循环 G92

（1）指令格式。

G92 X(U)_ Z(W)_ F_ J_ K_ L; （公制直螺纹切削循环）

G92 X(U)_ Z(W)_ I_ J_ K_ L; （英制直螺纹切削循环）

G92 X(U)_ Z(W)_ R_ F_ J_ K_ L; （公制锥螺纹切削循环）

G92 X(U)_ Z(W)_ R_ I_ J_ K_ L; （英制锥螺纹切削循环）

（2）指令功能。

从切削起点开始，进行径向（X 轴）进刀、轴向（Z 轴或 X、Z 轴同时）切削，实现等螺距的直螺纹、锥螺纹切削循环。执行 G92 指令，在螺纹加工末端有螺纹退尾过程：在距离螺纹切削终点固定长度（称为螺纹的退尾长度）处，在 Z 轴继续进行螺纹插补的同时，X 轴沿退刀方向指数或线性（由参数设置）加速退出，Z 轴到达切削终点后，X 轴再以快速移动速度退刀。

（3）指令说明。

G92 为模态 G 指令。

切削起点：螺纹插补的起始位置。

切削终点：螺纹插补的结束位置。

X：切削终点 X 轴绝对坐标（mm）。

U：切削终点与起点 X 轴绝对坐标的差值（mm）。

Z：切削终点 Z 轴绝对坐标（mm）。

W：切削终点与起点 Z 轴绝对坐标的差值（mm）。

R：切削起点与切削终点 X 轴绝对坐标的差值（半径值），当 R 与 U 的符号不一致时，要求 $|R| \leq |U/2|$，单位：mm。

F：公制螺纹螺距，取值范围 0.001 ~ 500 mm，F 指令值执行后保持，可省略输入。

I：英制螺纹每英寸牙数，取值范围 0.06 ~ 25 400 牙/英寸，I 指令值执行后保持，可省略输入。

J：螺纹退尾时在短轴方向的移动量，取值范围 0 ~ 9 999.999 mm，不带方向（根据程序起点位置自动确定退尾方向），模态参数，如果短轴是 X 轴，则该值为半径指定。

K：螺纹退尾时在长轴方向的长度，取值范围 0 ~ 9 999.999 mm，不带方向，模态参数，如长轴是 X 轴，该值为半径指定。

L：多头螺纹的头数，该值的范围 1 ~ 99，模态参数（省略 L 时默认为单头螺纹）。

G92 指令可以分多次进刀完成一个螺纹的加工，但不能实现 2 个连续螺纹的加工，也不能加工端面螺纹。G92 指令螺纹螺距的定义与 G32 一致，螺距是指主轴转一圈长轴的位移量（X 轴位移量按半径值）。

锥螺纹的螺距是指主轴转一圈长轴的位移量（X 轴位移量按半径值），B 点与 C 点 Z 轴坐

标差的绝对值大于 X 轴（半径值）坐标差的绝对值时，Z 轴为长轴；反之，X 轴为长轴。

（4）循环过程。

直螺纹加工如图 7.33 所示，锥螺纹加工如图 7.34 所示。

① X 轴从起点快速移动到切削起点。

② 从切削起点螺纹插补到切削终点。

③ X 轴以快速移动速度退刀（与①方向相反），返回到 X 轴绝对坐标与起点相同处；

④ Z 轴快速移动返回到起点，循环结束。

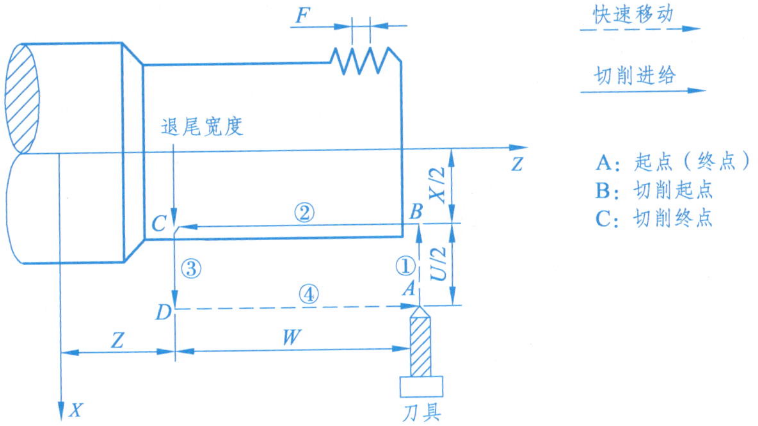

图 7.33　直螺纹加工

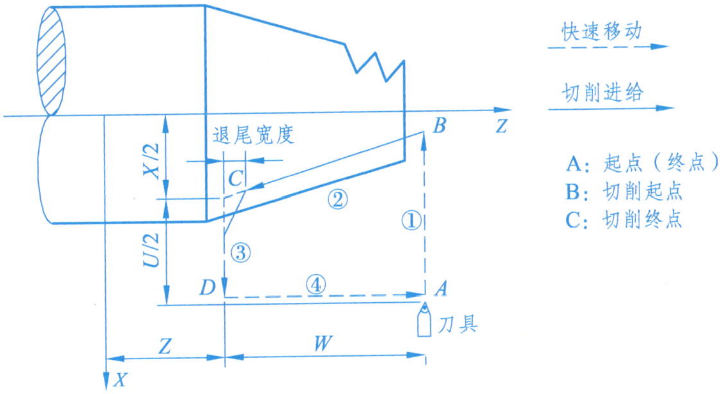

图 7.34　锥螺纹加工

（5）注意事项：

① 省略 J、K 时，按 NO.19 号参数设定值退尾。

② 省略 J 时，长轴方向按 K 退尾，短轴方向按 NO.19 号参数设定值退尾。

③ 省略 K 时，按 J = K 退尾。

④ J = 0 或 J = 0、K = 0 时，无退尾。

⑤ J≠0，K = 0 时，按 J = K 退尾。

⑥ J = 0，K≠0 时，无退尾。

⑦ 螺纹切削过程中执行进给保持操作后，系统仍进行螺纹切削，螺纹切削完毕，显示“暂停”，程序运行暂停。

⑧ 螺纹切削过程中执行单程序段操作后，在返回起点后（一次螺纹切削循环动作完成）运行停止。

⑨ 系统复位、急停或驱动报警时，螺纹切削减速停止。

（6）指令轨迹。

U、W、R 反应螺纹切削终点与起点的相对位置，U、W、R 在符号不同时组合的刀具轨迹与退尾方向，如图 7.35 所示。

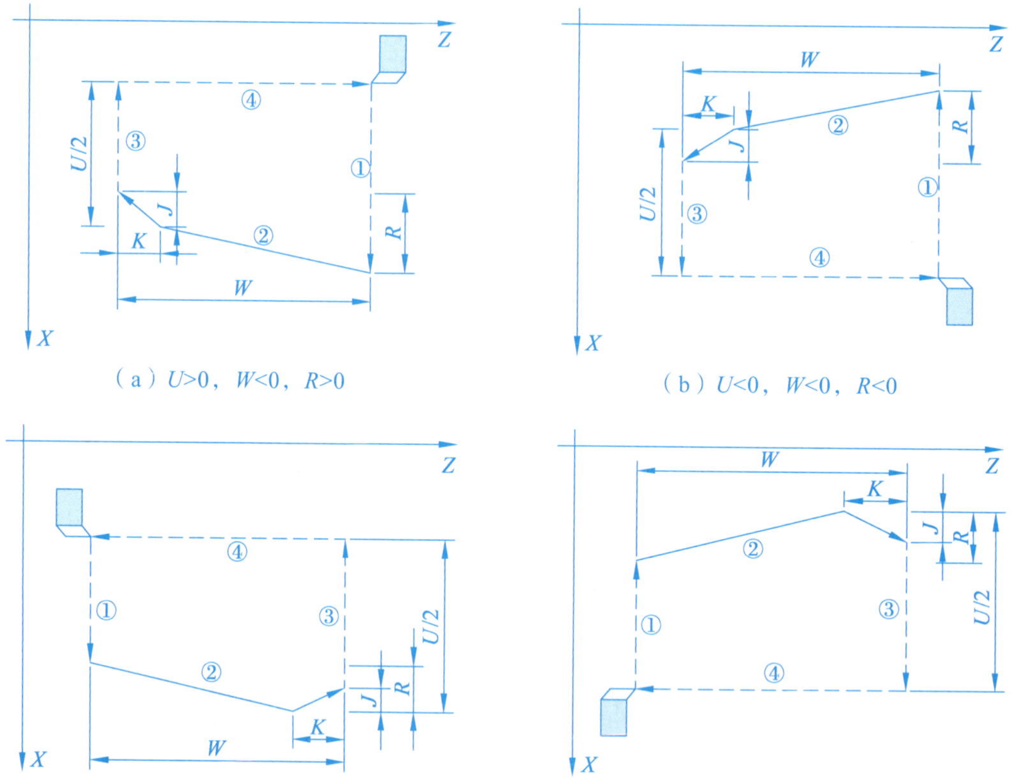

（a）$U>0$，$W<0$，$R>0$　（b）$U<0$，$W<0$，$R<0$

（c）$U>0$，$W>0$，$R<0$、$|R|\leqslant|U/2|$　（d）$U<0$，$W>0$，$R>0$、$|R|\leqslant|U/2|$

图 7.35　G92 刀具轨迹

（7）示例：车削图 7.36 所示的工件。

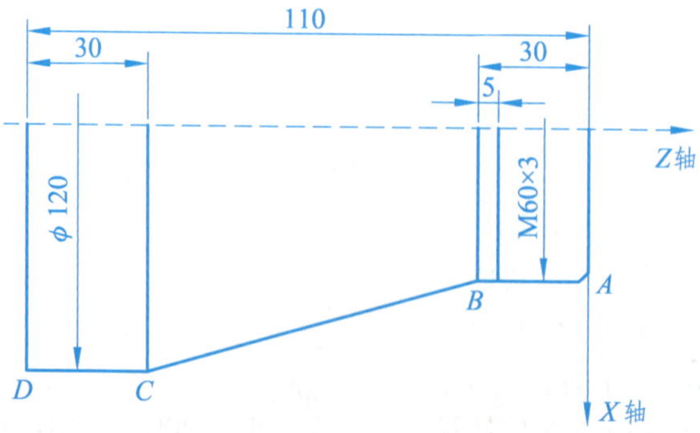

图 7.36　工件

程序：

```
O0012;
M3 S300 G0 X150 Z50 T0101;  （螺纹刀）
G0 X65 Z5;                  （快速定位）
G92 X58.7 Z-28 F3 J3 K1;    （加工螺纹，分 4 刀切削，第一次进刀 1.3 mm）
X57.7;                      （第二次进刀 1 mm）
X57;                        （第三次进刀 0.7 mm）
X56.9;                      （第四次进刀 0.1 mm）
M30;
```

（十）恒线速控制 G96、恒转速控制 G97

（1）指令格式。

G96 S××××；（S0000～S9999，前导零可省略）

G97 S××××；（S0000～S9999，前导零可省略）

G50 S××××；（S0000～S9999，前导零可省略）

（2）指令功能。

恒线速控制有效、给定切削线速度（m/min），取消恒转速控制。G96 为模态 G 指令，如果当前为 G96 模态，可以不输入 G96。

G97 取消恒线速控制、恒转速控制有效，给定主轴转速（r/min）。G97 为模态 G 指令，如果当前为 G97 模态，可以不输入 G97。

G50 设置恒线速控制时的主轴最高转速限制值（r/min），并不会把当前位置作为程序零点。

（3）指令说明。

G96、G97 为同组的模态指令字，同一时刻只能一个有效。G97 是初态指令字，系统上电时 G97 有效。

车床车削工件时，工件通常以主轴轴线为中心线进行旋转，刀具切削工件的切削点可以看成围绕主轴轴线做圆周运动，圆周切线方向的瞬时速率称为切削线速度（简称线速度）。不同材料的工件、不同材料的刀具要求的线速度不同。

主轴转速模拟电压控制功能有效时，恒线速控制功能才有效。在恒线速控制时，主轴转速随着编程轨迹（忽略刀具长度补偿）的 X 轴绝对坐标值的绝对值的变化而变化，X 轴绝对坐标值的绝对值增大，主轴转速降低，X 轴绝对坐标值的绝对值减小，主轴转速提高，使得切削线速度保持为 S 指令值。使用恒线速控制功能切削工件，可以使得直径变化的工件表面光洁度保持一致。

$$线速度=主轴转速\times|X|\times\pi/1\,000 \qquad (mm/min)$$

式中　主轴转速（r/min）；

$|X|$——X 轴绝对坐标值的绝对值（直径值，单位：mm）。

恒线速控制时，只在切削进给（插补）过程中随着编程轨迹 X 轴绝对坐标值的绝对值的变化改变主轴转速（图 7.37）。对于 G00 快速移动，由于不进行实际切削，此时的主轴转速按 G00 程序段终点位置计算主轴转速并输出，G00 执行过程中主轴转速将保持不变。

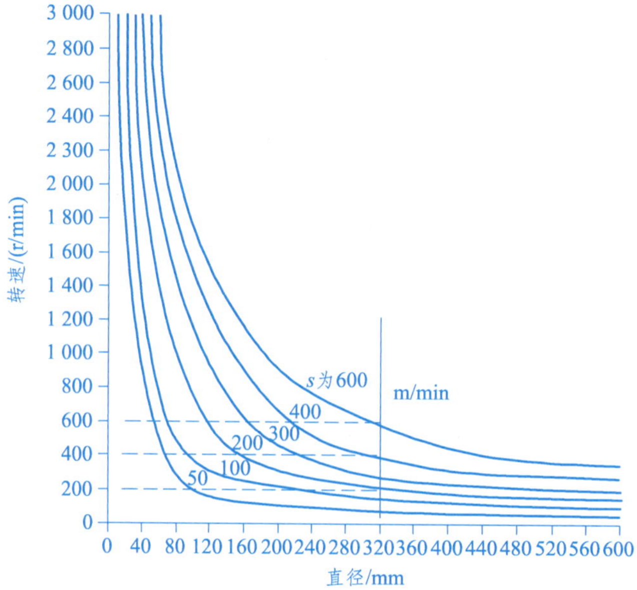

图 7.37　主轴转速与 *X* 轴绝对坐标值关系

恒线速控制时，工件坐标系的 *Z* 坐标轴必须与主轴轴线（工件旋转轴）重合，否则，实际线速度将与给定的线速度不一致。

恒线速控制有效时，G50　S× × × ×可限制主轴最高转速，当按线速度和 *X* 轴坐标值计算出的主轴转速高于 G50　S× × × ×的设置值时，实际主轴转速为主轴最高转速限制值（即 G50 S× × × ×的设置值）。系统上电时，主轴最高转速限制值未设定、主轴最高转速限制功能无效。G50 S× × × ×定义的最高转速限制值在重新指定前是保持的，最高转速限制功能在 G96 状态下有效，在 G97 状态下 G50× × × ×设置的主轴最高转速不起限制作用，但主轴依然有最高转速限制（即最高是输出 10 V 的模拟电压）。

特别注意：如果执行 G50 S0，恒线速控制时主轴转速将被限制在 99 r/min（由参数 NO.043 设置）。

数据参数 NO.043 为恒线速控制时的主轴转速下限，当按线速度和 *X* 轴坐标值计算的主轴转速低于这个值时，实际主轴转速限制为主轴转速下限。

（4）示例：车制如图 7.38 所示的重件。

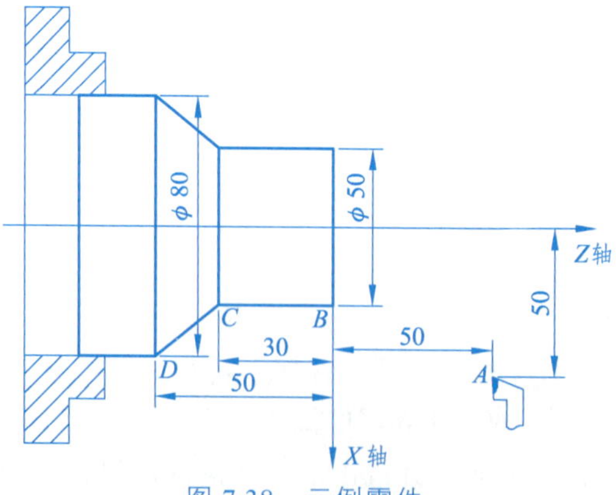

图 7.38　示例零件

程序：O0014；

```
M3 G96 S300;          （主轴正转、恒线速控制有效、线速度为 300 米/分）
G0 X100 Z100;         （快速移动至 A 点，移动过程中主轴转速为 955 转/分）
G0 X50 Z0;            （快速移动至 B 点，移动过程中主轴转速为 1910 转/分）
G1 W-30 F200;         （从 B 点切削至 C 点，切削中主轴转速恒为 1910 转/分）
X80 W-20 F150;        （从 C 点切削至 D 点，主轴转速从 1910 转/分线性变化为 1194 转/分）
G0 X100 Z100;         （快速退回 A 点，移动过程中主轴转速为 955 转/分）
M30;                  （程序结束，关主轴、冷却液）
```

注：1. 在 G96 状态中，被指令的 S 值，即使在 G97 状态中也保持着。当返回到 G96 状态时，其值恢复，例如：

```
G96 S50;              （切削线速度 50 m/min）
G97 S1000;            （主轴转速 1 000 r/min）
G96 G01 X200;         （切削线速度 50 m/min）
```

2. 机床锁住（执行 *X*、*Z* 轴运动指令时 *X*、*Z* 轴不移动）时，恒线速控制功能仍然有效。

3. 螺纹切削时，恒线速控制功能虽然也能有效，但为了保证螺纹加工精度，螺纹切削时不要采用恒线速控制，应在 G97 状态下进行螺纹切削。

4. 从 G96 状态变为 G97 状态时，G97 程序段如果没有指令 S 指令（r/min），那么 G96 状态的最后转速作为 G97 状态的 S 指令使用，即此时主轴转速不变。

5. 恒线速控制时，当由切削线速度计算出的主轴转速高于当前主轴档位的最高转速（系统数据参数 NO.037 ~ NO.040）时，此时的主轴转速限制为当前主轴挡位的最高转速。

（十一）每分钟进给 G98、每转进给 G99

（1）指令格式。

G98 F××××；（F0001 ~ F8000，前导零可省略，给定每分进给速度，mm/min）。

G99 F××××；（F0.0001 ~ F500，前导零可省略）。

（2）指令功能。

G98 以毫米/分为单位给定切削进给速度，G98 为模态 G 指令。如果当前为 G98 模态，可以不输入 G98。

G99 以毫米/转为单位给定切削进给速度，G99 为模态 G 指令。如果当前为 G99 模态，可以不输入 G99。系统执行 G99 F××××时，把 F 指令值（mm/r）与当前主轴转速（r/min）的乘积作为指令进给速度控制实际的切削进给速度。主轴转速变化时，实际的切削进给速度随着改变。使用 G99 F××××给定主轴每转的切削进给量，可以在工件表面形成均匀的切削纹路。在 G99 模态进行加工，机床必须安装主轴编码器。

（3）指令说明。

G98、G99 为同组的模态 G 指令，同一时刻仅能一个有效。G98 为初态 G 指令，系统上电时默认 G98 有效。

每转进给量与每分钟进给量的换算公式：

$$F_m = F_r \times S$$

式中　F_m——每分钟的进给量（mm/min）；

F_r——每转进给量（mm/r）；

S——主轴转速（r/min）。

系统上电时，进给速度为系统数据参数 NO.030 设定的值，执行 F 指令后，F 值保持不变。执行 F0 后，进给速度为 0。系统复位、急停时，F 值保持不变。进给倍率掉电记忆。

（4）相关参数。

系统数据参数 N0.027：切削进给速率的上限值（X 轴、Z 轴相同，对于 X 轴为直径变化/分钟）。

系统数据参数 N0.029：切削进给和手动进给时指数加减速时间常数。

系统数据参数 N0.030：切削进给时的指数加减速的低速下限值。

注：在 G99 模态，当主轴转速低于 1 r/min 时，切削进给速度会出现不均匀的现象。主轴转速出现波动时，实际的切削进给速度会存在跟随误差。为了保证加工质量，建议加工时选择的主轴转速不能低于主轴伺服或变频器输出有效力矩的最低转速。

三、车床操作面板、加工程序录入

（一）操作面板介绍

车床操作面板如图 7.39 所示。

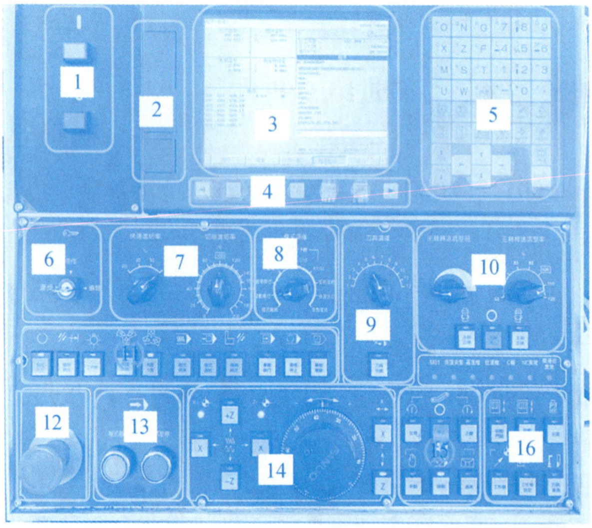

1—机床面板电源开关；2—内存卡以及 USB 接口；3—操作系统显示器；4—系统显示器辅助键；5—编辑输入板块；6—系统模式锁；7—加工进给速度调节；8—操作模式切换开关；9—手动切换刀具控制；10—主轴转速调节器；11—加工模式辅助控制；12—急停开关；13—循环启动、暂停按钮；14—快速移动、手轮移动；15—排屑辅助、冷却辅助；16—自动门控制、油雾辅助。

图 7.39　操作面板

（二）按键说明

按键说明如图 7.40 ~ 图 7.45 所示。

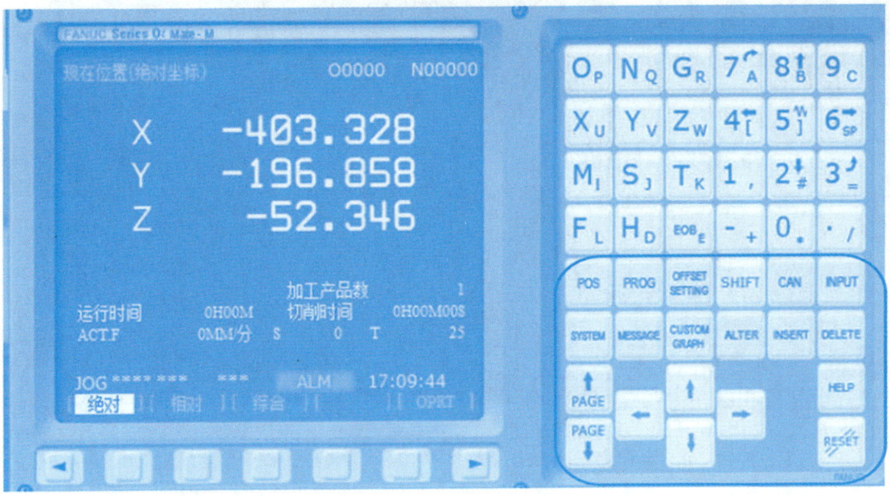

1—PSO 键——是纱的意思，按下此键会看到相对坐标绝对坐标机床坐标系；2—ProG——程序键，相应的程序操作一般需要在按下此键的模式下操作的；3—OFFSETSETTING——用于设置坐标系对刀分中的；4—SHIFT——就是换挡键；5—CAN——取消键，输错指令可以按此键取消；6—IUPUT——输入键，一般数据的输入和参数的输入需要此键；7—SYETEM 系统键——主要用来查看系统的参数设置；8—MESSAGE——信息提示；9—CUSTOM——图形参数命令；10—ALTEL——替换键，用于程序里替换指令；11—INSERT——插入指令，可插入程序代码；12—DELETE——删除代码用。

图 7.40 按键说明（一）

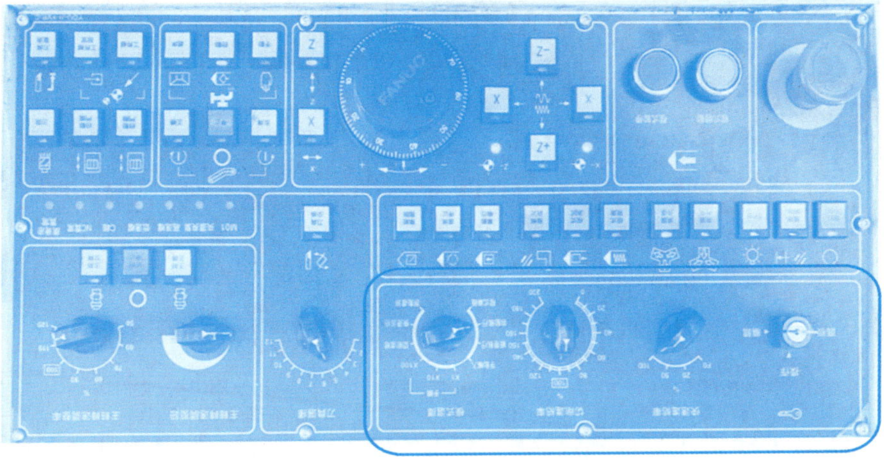

1—钥匙面板模式——可更改液压夹持方向；2—钥匙操作模式——用于锁定程序，无法修改程序、系统参数，MDI 模式、刀具补偿可正常使用；3—钥匙编辑模式——用于编辑加工程序，系统参数修改；4—快速进给率——调节 GO 快速模式倍率；5—切削进给率——F 进给倍率调节；6—模式选择-程序编辑——可编写程序、修改程序、切换程序；7—模式选择-自动运行——自动加工模式；8—模式选择-纸带执行——连线加工模式；9—模式选择-手动输入——MDI 模式；10—模式选择-手轮——手轮控制 *X*、*Z* 轴移动；11—模式选择-切削进给——搬运控制 *X*、*Z* 轴移动（移动速度由切削进给率调节器控制）；12—模式选择-快速进给——手动控制 *X*、*Z* 轴移动（移动速度由快速进给率调节器控制）；13—模式选择-原点复位——返回机械坐标零点位置。

图 7.41 按键说明（二）

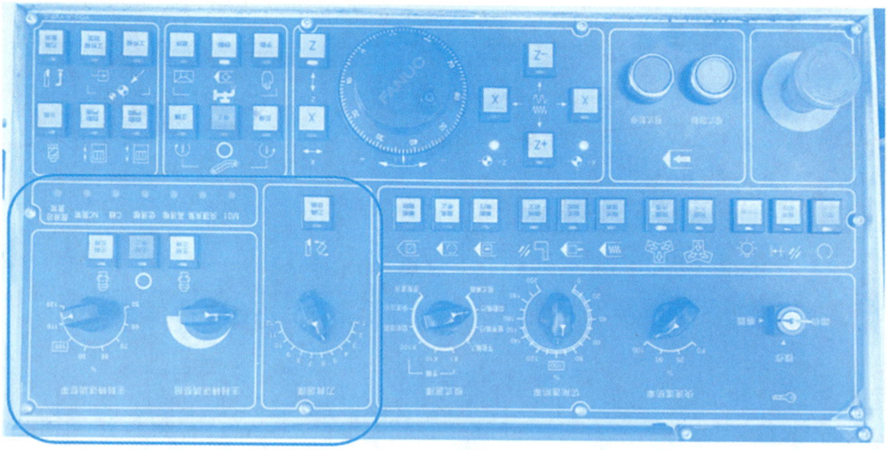

1—刀具选择——手动换刀，仅在手轮模式、切削模式、进给模式、原点模式有效；2—主轴转速调整钮——仅在手轮模式、切削模式、进给模式、原点模式有用，用于调机使用；3—主轴转速整率——调节加工程序主轴转速倍率；4—主轴正转——仅在手轮模式、切削模式、进给模式、原点模式有用，用于调机使用或者自动程序中途暂停后手动恢复转速用；5—主轴停止——仅在手轮模式、切削模式、进给模式、原点模式有用，用于调机使用或者自动程序中途暂停主轴；6—主轴反转——仅在手轮模式、切削模式、进给模式、原点模式有效，用于调机使用或者自动程序中途暂停后搬运恢复转速用。

图 7.42　按键说明（三）

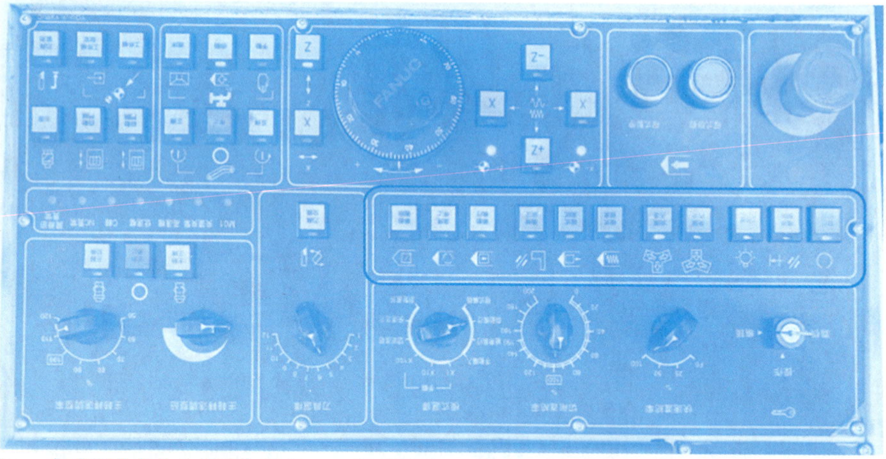

1—复位准备——机床硬件复位准备开机/重启；2—极限解除——解除 *X* 轴、*Z* 轴超出软件限位行程报警；3—工作灯——机床内部照明灯开关；4—主轴正转夹头内夹——主轴液压夹持往主轴中心方向夹持（如需切换，钥匙必须切换至面板模式方可切换）；5—主轴正转夹头外夹——主轴液压夹持往主轴中心外圆扩张（如需切换，钥匙必须切换至面板模式方可切换）；6—程序预演——空运行，一般配合机床锁住命令，用于调试程序用；7—程序测试——调机测试程序路线用；8—机械锁定——在自动运行开始前，将此钮按下，再按“循环启动”执行程序，则送往机械侧的推诿地被截断，机械部分不动。数控装置内部在照常运行控制运算；9—单节执行——单节执行，按下此键程序执行一段就会停止；10—选择停止——当程序里面有 M01 时，按下此键，代码就会起作用。

图 7.43　按键说明（四）

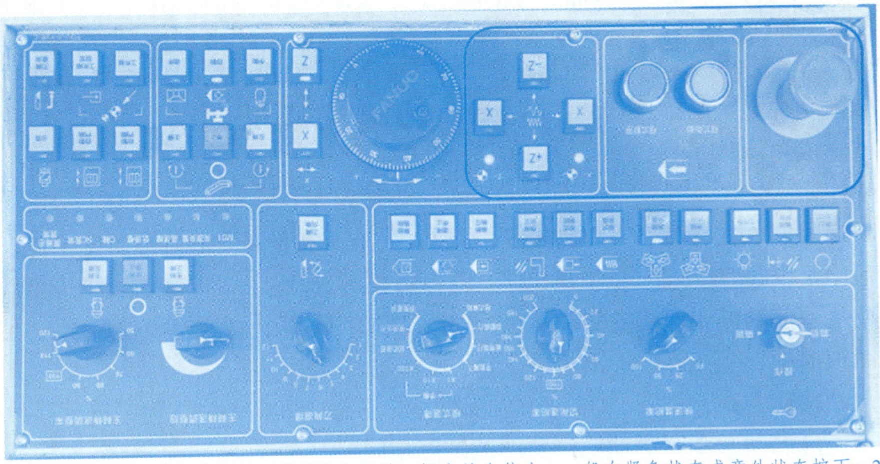

1—急停按钮——红色的按键是急停按钮，按下这个开关，机床就会停止，一般在紧急状态或意外状态按下；2—程序启动——自动模式、MDI 模式运行启动用；3—程序暂停——自动运行模式、MDI 运行模式中途暂停作用；4—＋Z/－Z/X——切削进给、快速进给、原点复位模式使用有效。

图 7.44　按键说明（五）

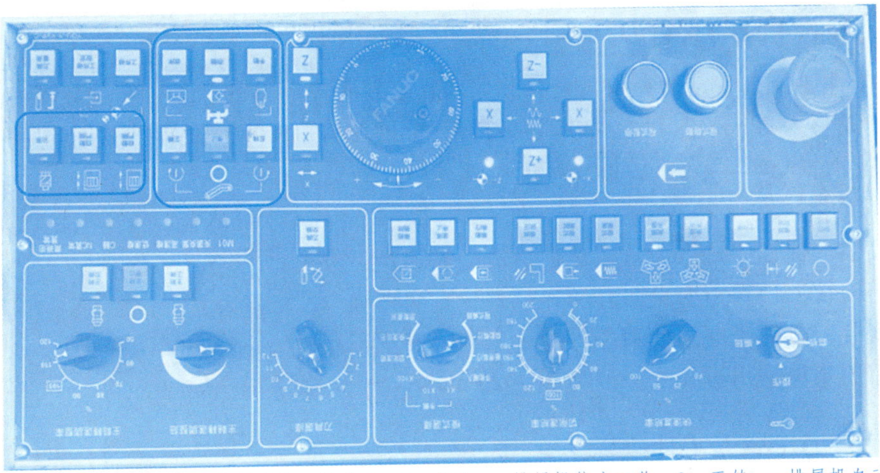

1—反转——排屑机传动反转，用于铁屑卡住，维修时；2—停止——排屑机停止工作；3—正转——排屑机自动排屑；4—手动——手动开启切削液模式；5—自动——执行指令 M08 开启，M09 关闭；6—底床——机床内部冲水，清理机床内部；7—自动门开——自动门手动开启；8—自动门关——自动门手动开启。

图 7.45　按键说明（六）

（三）加工程序录入

1. 开　机

（1）打开机床总电源（在机床背面）。

（2）打开数控系统电源（面板电源）。

（3）打开急停开关。

2. 回零（建立机床坐标系）

（1）先在手轮方式下，分别选择 X 轴、Z 轴“－”向移动（可以按下 POS 键来观察）。

（2）选择回参考点方式，按下“＋X”“＋Z”，直到显示，机床坐标系“X0.000，Z0.000”（指示灯亮时），表示已经完成回零操作。

（3）新建程序。

“钥匙”调至编辑模式，面板“模式选择”调节至编辑，选择程序编制方式，按下“PRGRM”按钮，先输入文件名（必须以英文字母 O 开头，后面 4 位数字），如“O1111”按“INSRT”键，程序创建成功。

（4）程序输入。

选择程序编制方式，按下“PRGRM”按钮，先输入文件名（必须以英文字母 O 开头，后面 4 位数字），如“O1111”按“INSRT”键，再按 EOB（；），即“O1111”；然后输入程序内容，每一段程序的结束符为 EOB（；），再按“INSRT”键，输入一段程序。

（5）图形模拟。

选择自动循环方式，按下“GRAPH”按钮，并点亮“机床锁住”和“空运行”按钮，选中程序后，循环启动，观察运动轨迹和图纸是否相同。

四、装刀、对刀操作

（一）安装工件与安装刀具

（1）工件要留有一定的夹持长度，其伸出长度要考虑零件的加工长度及必要的安全距离（机床已经调整为 6 mm 左右）。如所要夹持部分已经经过加工，必须在外圆上包一层铜皮，以防止外圆面损伤。

（2）安装刀具注意事项：

① 安装前保证刀杆及刀片定位面清洁，无损伤。

② 将刀杆安装在刀架上时，应保证刀杆方向正确。

③ 安装刀具时需注意使刀尖等高于主轴的回转中心。

④ 车刀不能伸出过长，一般为 20 ~ 25 mm。

（二）对刀（建立工件坐标系）

根据车刀的安装位置，选择主轴正反转方向。

（1）通常将工件坐标系原点建立在工件右端面的中心，手轮方式进行对刀（车刀离工件较远时，选 ×100 挡，靠近后选择 ×10 挡）。

（2）先让主轴旋转，分别选择 X 轴、Z 轴“－”向移动至靠近棒料右端面处。

（3）对 Z 原点：分别选择 X 轴、Z 轴并移动使刀尖轻碰右端面，并用很小的切削量切平端面后，沿 $+X$ 方向退出，主轴停止。在手动数据输入方式下，按“OFFSET”按钮→形状→光标移到与程序对应的刀补号里，输入“Z0.”，点击“测量”。

（4）对 X 原点：刀尖轻碰外圆，并用很小的切削量切一段外圆（千分尺能测量即可），然后沿 $+Z$ 方向退出，主轴停止。在手动数据输入方式下，按“OFFSET”按钮→形状→光标移到与程序对应的刀补号里，输入用千分尺测量的试切外圆的直径（如），点击“测量”；

（5）X 方向预留加工余量：在手动数据输入方式下，按“OFFSET”按钮→磨损→光标移到与程序对应的刀补号里，输入余量，点击“输入”；则加工完后，各档外圆尺寸均比图纸尺寸大 2 mm。

（6）粗加工。

选择自动循环方式，选中程序（特别提示：点亮单段方式先来检验对刀是否正确，一般运行三段程序，如假设毛坯直径为 50 mm，运行 `T0101; M3 S800; G0 X52. Z5.;`）车刀应停在毛坯的右上方，如果不是，应重新对刀。正确，则按灭单段方式，再按循环启动，开始粗加工。

粗加工结束用游标卡尺测量外圆尺寸，此时各挡外圆尺寸应比图纸尺寸大约 1 mm（给精加工预留的加工余量）。

（7）精加工。

① 修改程序，在“G71……”程序段前加上跳段符号“/”，同时按亮面板上的“程序跳段”按钮。

② 假设余量分两刀来完成，第一刀先车削 0.8 mm，则输入，然后点“+输入”，按循环启动。

③ 千分尺测量，得出实际的余量还剩多少（即还大了多少），则输入此值，然后点“+输入”，按循环启动。

精加工结束，外圆尺寸符合要求。

如果在一次装夹中，需同时保证两挡外圆的尺寸精度，则可采取以下两种方法：

① 第一刀精加工后，比较两挡外圆的实际余量，以余量小的为基准修改 X 磨损的数据，另一挡则把修改完后还多余的数据在程序中减去。

② 精加工分三刀完成，先把上偏差大的尺寸放大，然后在两刀的精加工中只考虑一挡尺寸先到位，第三刀时，把另一挡外圆的余量直接在程序中减去（此方法较难保证粗糙度要求）。

（8）加工结束，注意保养机床。

（9）关机

① 关闭急停开关。

② 关闭数控系统电源。

③ 关闭机床总电源。

五、产品测量操作

（一）游标卡尺的使用方法

1. 游标卡尺的读数原理

利用游标卡尺的游标刻线间距与主尺上的刻线间距差，形成游标分度值，测量时，在主尺上读取整数值，在游标上读取小数值。

刻度值为 0.02 mm 的游标卡尺测量 20.04 mm 的尺寸，在主尺上读取整数值 20，在游标尺上看到第 2 个格与主尺对齐，此时读取小数 0.04。

2. 注意事项

（1）测量前应把卡尺擦干净，检查卡尺的两个测量和测量刃口是否平直无损，把两个量爪紧密贴合时，应无明显的间隙。同时，数据显示在零位，这个过程称为校对零位。

（2）移动尺框时，活动要自如，不应有过松或过紧，更不能有晃动现象。用固定螺钉固定尺框时，卡尺的读数不应改变。在移动尺框时，不要忘记松开固定螺钉，亦不宜过松以免掉落。

（3）不允许过分地施加压力，所用压力应使两个量爪刚好接触零件表面。如果测量压力过大，不但会使量爪弯曲或磨损，且量爪在压力作用下产生弹性变形，使测量的结果不准确（外尺寸小于实际尺寸，内尺寸大于实际尺寸）。

（4）使用环境要求：尽量避免接触有油污的地方，测量有油产品前用抹布擦一下，若是数显卡尺进油后容易短路；使用卡尺时最好不要戴手套，避免测量时用力过大，造成卡尺，弹性变形，使测量差异大。

3. 测量零件外尺寸

外测爪两测量面应紧贴于被测量表面，不能歪斜。测量时，可以轻轻摇动卡尺，放正垂直位置，如图 7.46（a）所示。否则，量爪若在如图 7.46（b）所示的错误位置上，将使测量结果 a 比实际尺寸 b 要大。测量时，先把卡尺的活动量爪张开，使量爪能自由卡进工件，把零件贴靠在固定量爪上，然后移动尺框，用轻微的压力使活动量爪接触零件。如卡尺带有微动装置，此时可拧紧微动装置上的固定螺钉，再转动调节螺母，使量爪接触零件并读取尺寸。切不可把卡尺的两个量爪调节到接近甚至小于所测尺寸，将卡尺强制卡到零件上去。这样，会使量爪变形，或使测量面过早磨损，使卡尺失去应有的精度。

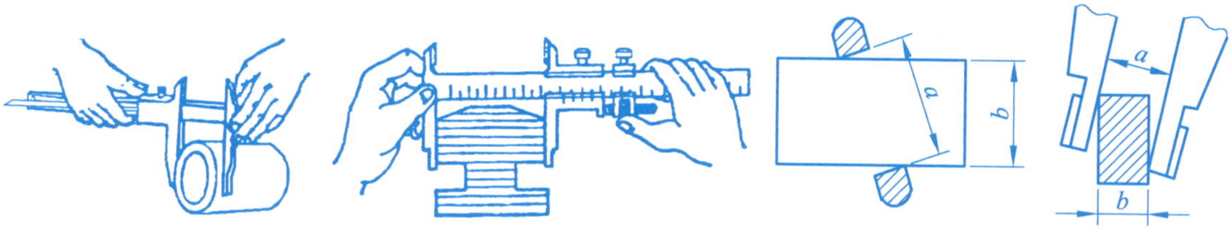

（a）正确　（b）错误

图 7.46　测量外尺寸时正确与错误的位置

4. 测量零件内尺寸

如图 7.47 所示，内测量爪进入零件内孔后，慢慢张开并轻轻接触零件内表面，不可歪斜，免使量爪扭伤、变形和受到不必要的磨损，从而影响测量精度。卡尺两测量刃应在孔的直径上，不能偏歪。当量爪在错误位置时，其测量结果，将比实际孔径 D 要小。

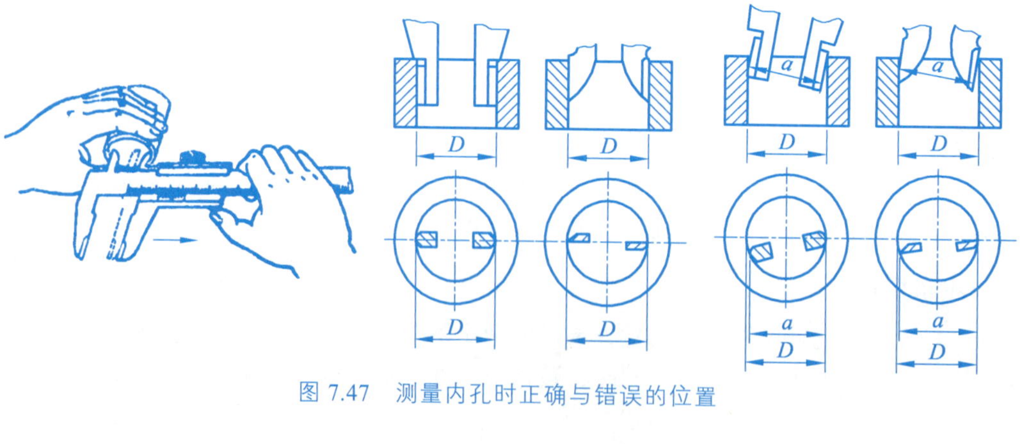

图 7.47　测量内孔时正确与错误的位置

5. 游标卡尺使用要须

可以多测量几次，即在零件的同一截面上的不同方向进行测量，然后将测量结果进行处理以得到较准确的测量值。对于较长零件，则应当在全长的各个部位进行测量，务使获得一个比较正确的测量结果。

卡尺的使用方法要点，整理成如下几句：

量爪贴合无间隙，主尺游标两对零。

尺框活动能自如，不松不紧不摇晃。

测力松紧细调整，不当卡规用力卡。

量轴防歪斜，量孔防偏歪。

测量内尺寸，爪厚勿忘加。

面对光亮处，读数垂直看。

（二）外径千分尺的使用方法

1. 外径千分尺的构造

外径千分尺常用于测量零件的外径、厚度以及板厚或壁厚等（测量孔壁厚度的千分尺，其量面呈弧形）。各种千分尺的结构大同小异，都由尺架、测微头、测力装置和制动器等组成。图 7.48 是测量范围为 0 ~ 25 mm 的外径千分尺，尺架的一端装着固定测砧，另一端装着测微头。固定测砧和测微螺杆的测量面上都镶有硬质合金，以提高测量面的使用寿命。尺架的两侧面覆盖着绝热板，使用千分尺时，手拿在绝热板上，防止人体的热量影响千分尺的测量精度。

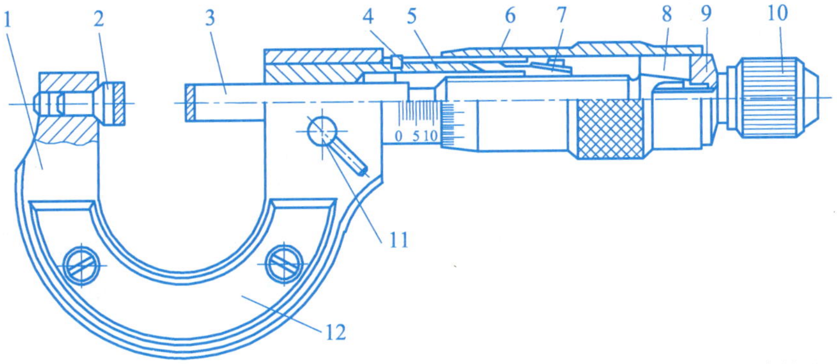

1—尺架，2—固定测砧，3—测微螺杆，4—螺纹轴套，5—固定刻度套筒，6—微分筒，7—调节螺母，8—接头，9—垫片，10—测力装置，11—锁紧螺钉，12—绝热板。

图 7.48　0 ~ 25 mm 外径千分尺

2. 外径千分尺的工作原理

外径千分尺利用等进螺旋原理，将丝杆的角度旋转运动转变为测量杆的直线位移，当丝杆相对于螺母转动时，测杆轴线位移量和丝杆的旋转角度成正比，固定刻度套筒上每格是 0.5 mm，微分筒每格 0.01 mm。例如，测量 10.025 mm 的尺寸，在固定套筒上读取整数 10，在微分筒上看到与固定套筒上刻线超过 2 格，此时读取 0.02，固定套筒上刻线在微分筒第 2 ~ 3 格之间进行估读 0.005。

3. 注意事项

（1）使用前，应把千分尺的两个测砧面擦干净，转动小端的测力装置，使两测砧面接触，接触面上应没有间隙和漏光现象，同时微分筒和固定套筒要对准零位。

（2）转动测力装置（图 7.49）时，微分筒应能自由灵活地沿着固定套筒活动，没有任何轧卡和不灵活的现象，测量时响三声后读数不可用前端加力测量。

图 7.49　测力装置

（3）测量前，应把零件的被测量表面擦干净，以免有脏污影响测量精度。绝不允许用千分尺测量带有研磨剂的表面，以免破坏测量面的精度。

（4）用千分尺测量零件时，最好在零件上进行读数，完成后再放松取出千分尺，这样可减少测砧面的磨损。把千分尺当卡规使用是错误的，这样做不但易使测量面过早磨损，甚至会使测微螺杆或尺架发生变形而失去精度。

（5）为了获得正确的测量结果，可在同一位置上再测量一次。特别是测圆柱形零件时，应在同一圆周的不同方向测量几次，检查零件外圆有没有圆度误差，再在全长的各个部位测量几次，检查零件外圆有没有圆柱度误差等。

（6）对于超常温的工件，不要进行测量，以免产生读数误差。

（7）用单手使用外径千分尺时，如图 7.50 所示，可用大拇指和食指或中指捏住活动套筒，小指勾住尺架并压向手掌上，大拇指和食指转动测力装置就可测量。

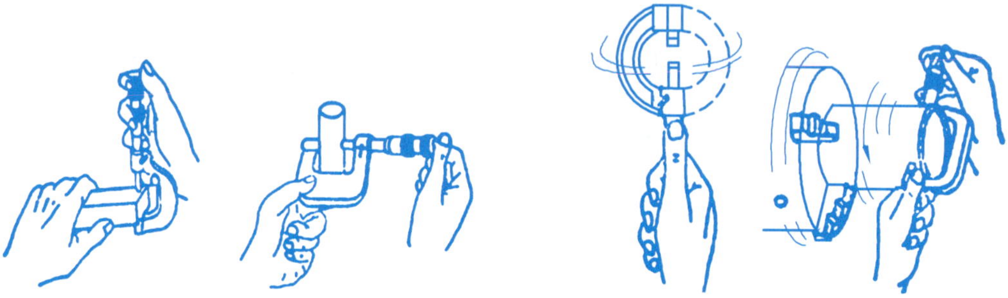

单手使用　　双手使用

（a）正确的使用方法

不可测量旋转中的工件

（b）错误的使用方法

图 7.50　千分尺的使用

（三）百分表的使用方法

1. 百分表的结构

百分表的结构如图 7.51 所示，表盘上刻有 100 个等分格，其刻度值（即读数值）为 0.01 mm。当指针转一圈时，小指针即转动一小格，转数指示盘的刻度值为 1 mm。用手转动表圈时，表盘也跟着转动，可使指针对准任一刻线。测量杆可沿着套筒上下移动，套筒可用于安装百分表。

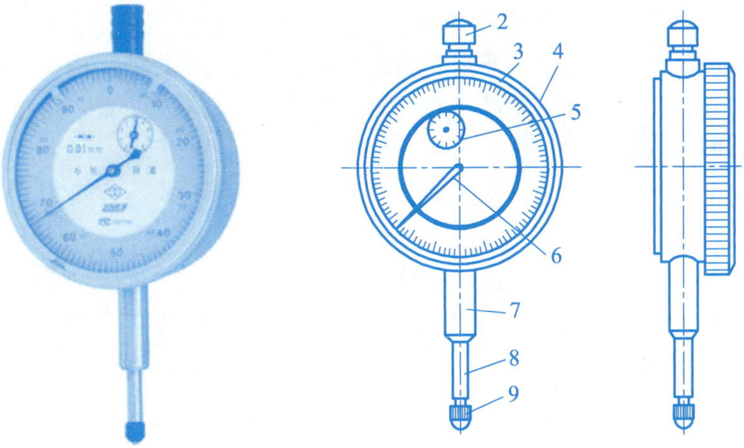

1—外壳；2—提杆；3—表盘；4—表圈；5—指示盘；6—指针；7—套筒；8—测量杆；9—测量头。

图 7.51　百分表的外形结构

2. 注意事项

（1）使用前，应检查测量杆活动的灵活性。即轻轻推动测量杆时，其在套筒内的移动要灵活，没有任何卡滞现象，且每次放松后，指针能回到原来的刻度位置。

（2）使用百分表（或千分表）时，必须把它固定在可靠的夹持架上（如固定在万能表架或磁性表座上，见图 7.52），夹持架要安放平衡，免使测量不准确或摔坏百分表。

注意：用夹持套筒来固定百分表时，夹紧力不要过大，以免因套筒变形而使测量杆活动不灵活。

图 7.52　安装在专用夹持架上的百分表

（3）用百分表（或千分表）测量零件时，测量杆必须垂直于被测量表面，即测量杆的轴线与被测量尺寸的方向一致。否则将使测量杆活动不灵活或使测量结果不准确。同时检查测头有无松动。

（4）测量时，不要使测量杆的行程超过它的测量范围；不要使测量头突然撞在零件上；不要使百分表（或千分表）受到剧烈的振动和撞击；不要把零件强迫推入测量头下。

（5）用百分表校正或测量零件时，如图 7.53 所示，应当使测量杆有一定的初始测力，即在测头与零件表面接触时，测量杆应有 0.3 ~ 1 mm 的压缩量（千分表可小一点，有 0.1 mm

即可），使指针转过半圈左右，然后转动表圈，使表盘的零位刻线对准指针。轻轻拉动提杆的圆头，拉起和放松几次，检查指针所指的零位有无改变。当指针的零位稳定后，再开始测量或校正零件的工作。如果是校正零件，此时开始改变零件的相对位置，读出指针的偏摆值，就是零件安装的偏差数值。

图 7.53　百分表尺寸校正与检验方法

（6）在使用百分表（或千分表）的过程中，严禁水、油和灰尘渗入表内，测量杆上也不要加油，以免粘有灰尘的油污进入表内，影响表的灵活性。

（7）百分表（或千分表）不使用时，应使测量杆处于自由状态（悬空状态），免使表内弹簧失效。

（四）杠杆千分表的使用方法

1. 原　理

杠杆千分表的分度值为 0.002 mm，其原理如图 7.54 所示。

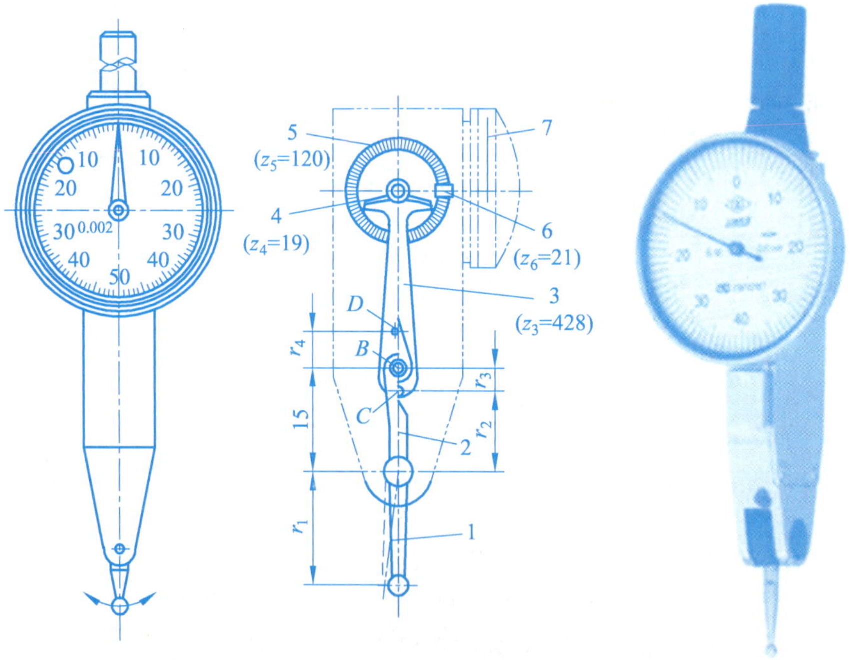

1—测量杆，2—拨杆，3—扇形齿轮，4—小齿轮，5—端面齿轮，6—小齿轮，7—指针。

图 7.54　杠杆千分表

当测量杆向左摆动时，拨杆推动扇形齿轮上的圆柱销 C 使扇形齿轮绕轴 B 逆时针转动，此时圆柱销 D 与拨杆脱开。当测量杆向右摆动时，拨杆推动扇形齿轮上的圆柱销 D 也使扇形齿轮绕轴 B 逆时针转动，此时圆柱销 C 与拨杆脱开。这样，无论测量杆向左或向右摆动，扇形齿轮总是逆时针方向转动。扇形齿轮再带动小齿轮以及同轴的端面齿轮，经小齿轮，由指针在刻度盘上指示出数值。

2. 注意事项

（1）千分表应固定在可靠的表架上，测量前必须检查千分表是否夹牢，并多次提拉千分表测量杆与工件接触，观察其重复指示值是否相同。

（2）测量时，不准用工件撞击测头，以免影响测量精度或撞坏千分表。为保持一定的起始测量力，测头与工件接触时，测量杆应有 0.3 ~ 0.5 mm 的压缩量。

（3）测量杆上不要加油，以免油污进入表内，影响千分表的灵敏度。

（4）千分表测量杆与被测工件表面必须垂直，否则会产生误差。

（5）杠杆千分表的测量杆轴线与被测工件表面的夹角愈小，误差愈小（图 7.55）。

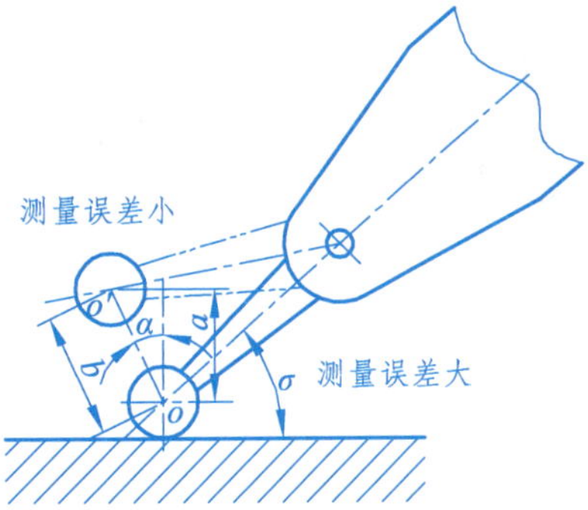

如用杠杆千分表测量工件时，测量杆轴线与工件表面夹角 α 为 30°，测量计数为 0.048 mm，则正确测量值为

$a = b\cos\alpha = 0.048 \times \cos 30° = 0.048 \times 0.866 = 0.0416$（mm）

图 7.55　杠杆千分表的测量误差

（五）固定值量具的使用

1. 外径卡规量具

外径卡规如图 7.56 所示。使用时，轻拿轻放；测量时，用力不要过大；存放要避免碰伤或掉落，以及避免接触水或油污；不使用时归还品管保存。

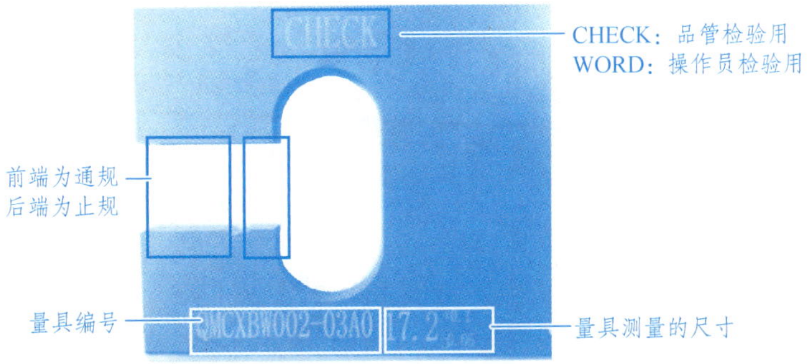

图 7.56　外经卡规

2. 内径塞规量具

内径塞规如图 7.57 所示。由于塞规尺寸较小，标识困难，所以在使用前，必须确认通止规的准确尺寸，避免尺寸判断错误。在正常使用过程中，注意轻拿轻放；测量时，用力不要过大；存放要避免碰伤或掉落，以及避免接触水或油污；不使用时归还品管保存。

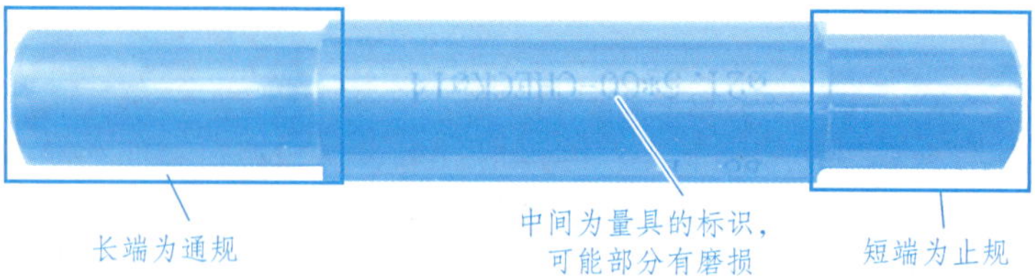

图 7.57　内径塞规

3. 螺纹塞规量具

螺纹塞规如图 7.58 所示。由于螺纹规种类较多，所以在使用前，必须确认通止规的准确型号，避免尺寸判断错误。

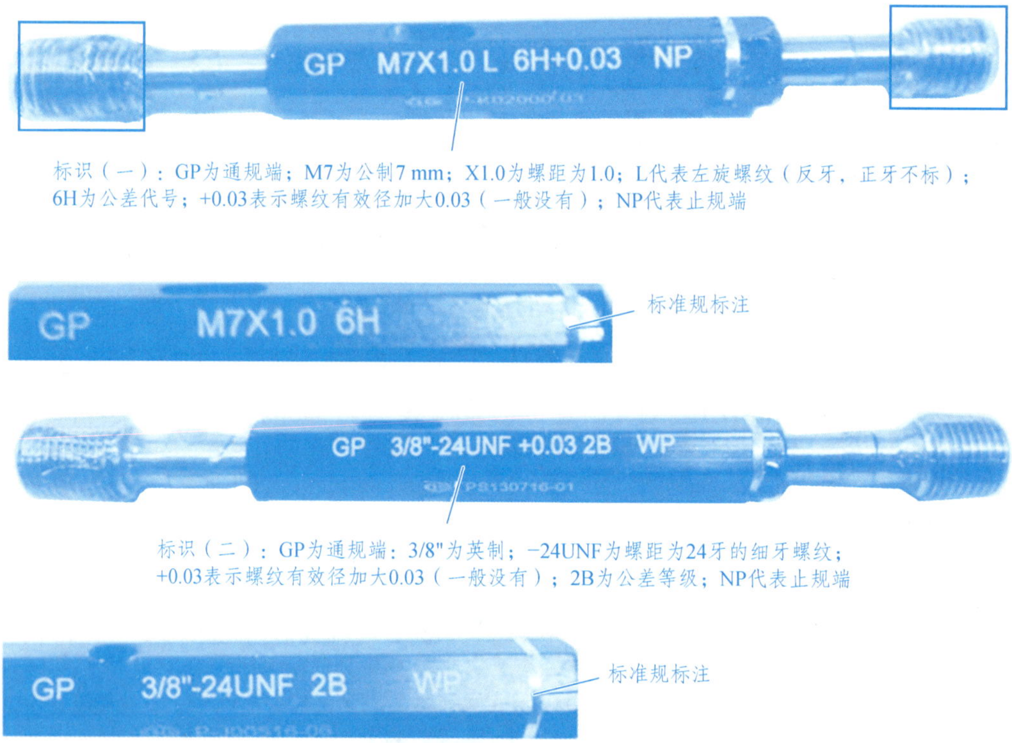

图 7.58　螺纹塞规

螺纹规使用时的注意事项：

（1）轻拿轻放，避免跌落及与坚硬物体相互碰撞。

（2）避免与水或油污接触，防止生锈和腐蚀。

（3）使用牙规时，力度要适中，即正常人用三个指头旋牙规至不动为止。

直螺纹判定规则见表 7.8。

表 7.8　直螺纹判定规则

名称	代号	功能	特征	判定规则
通端螺纹塞规	T/GP/Go	检查工件内螺纹的作用中径和大径	完整的外螺纹牙型	工件内螺纹旋合通过通规通
止端螺纹塞规	Z/NP/NO Go	检查工件内螺纹的单一中径	截短的外螺纹牙型	只可旋入一牙或二牙止规止

4. 塞尺的使用

塞尺又称测微片或厚薄规，用于检验间隙的测量器具之一，如图 7.59 所示。

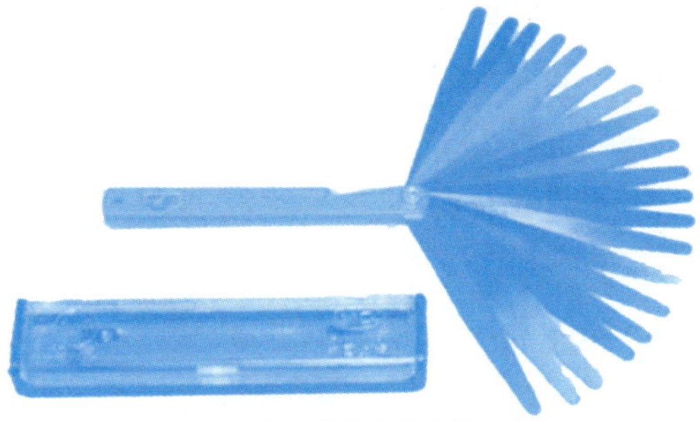

塞尺又称测微片或厚薄规，用于检验间隙的测量器具之一

图 7.59　塞尺

（1）根据被测间隙的大小，选择适当厚度的塞尺；为保证测量的准确性，应使用尽量少的塞尺数量（一般不超过 3 片）；如果超过 3 片，通常就要加测量修正值，一般每增加一片加 0.01 mm 的修正值。在组合使用时，应将薄的塞尺片夹在厚的中间，以保护薄片。

（2）塞尺应塞入一定深度，手感有一定阻力又不至于卡死为宜。当塞尺片上的刻值看不清或塞尺片数较多时，可用千分表测量塞尺厚度。塞尺用完后应擦干净，并抹上机油进行防锈保养。

（六）量具的维护和保养

正确使用精密量具是保证产品质量的重要条件之一。要保持量具的精度和它工作的可靠性，除了在使用中要按照正确的使用方法进行操作以外，还必须做好量具的维护和保养工作。

（1）在机床上测量零件时，要等零件完全停稳后进行，否则不但易使量具的测量面过早磨损而失去精度，且会造成事故。

（2）测量前应把量具的测量面和零件的被测量表面都要擦干净，以免因有脏污存在而影响测量精度。

（3）量具在使用过程中，不要和工具、刀具等堆放在一起，避免碰伤量具。游标卡尺、千分表等，应平放在专用盒子里，以免尺身变形。

（4）量具是测量工具，绝对不能作为其他工具的代用品。

（5）温度对测量结果影响很大，零件的精密测量一定要使零件和量具都在 20 °C 下进行测量。一般可在室温下进行测量，但必须使工件与量具的温度一致，否则，由于金属材料的热胀冷缩的特性，使测量结果不准确。

温度对量具精度的影响很大，量具不应放在阳光下或工具箱上。更不要把精密量具放在热源（如电炉，热交换器等）附近，以免使量具受热变形而失去精度。

（6）不要把精密量具放在磁场附近，如磨床的磁性工作台上，以免使量具感磁。

（7）量具使用后，应及时擦干净，除不锈钢量具或有保护镀层者外，金属表面应涂上一层防锈油，放在专用的盒子里，保存在干燥的地方，以免生锈。

（8）精密量具应实行定期检定和保养，长期使用的精密量具，要定期送计量部门进行保养和检定精度，以免因量具的示值误差超差而造成产品质量事故。

模块八 产品加工程序编写案例

一、工序 10 加工程序

```
%（图 6.34 工序 10 加工程序）
O0508（AA5-2AC0501-OP10）
G99G54G40G80G21
M10
M3S300
G4X1.
M0
M60
T0303
G50S720
G96M3S230
G0X156.Z30.M8
Z5.
G94X128.9Z1.3F0.28
Z0.2
G0X150.9
G1Z-40.05F0.23
X155.6F0.4
X157.5W-0.95
Z-70.F0.5
G0U1.
Z0.5
X151.
G90X151.W-1.9R-1.9F0.35
G0Z150.M9
T505
G50S850
G96M3S250
G0X74.Z30.M8
Z-4.
G94X112.Z-7.1F0.1
```

```
Z-8.1F0.15
G1X84.2F0.8
Z-7.2
X78.5W-3.05F0.2
Z-27.5F0.38
G0U-1.W1.
X44.
Z-26.5
G90X45.Z-42.F0.38
G0X45.
Z-27.8
G94X78.5Z-29.08F0.35
Z-27.8
G90X45.W-3.1R3.1F0.38
G0Z80.M9
M5
G97
T707
G99
M3S1000
G0X77.Z30.M8
Z-8.
G1X83.5F0.8
Z-8.25F0.25
X79.5W-2.
Z-28.9F0.18
Z-29.28F0.2
X49.F0.1
X46.W-1.5F0.25
Z-42.F0.22
G0X45.
Z-8.
X80.
G94X112.Z-8.3F0.22
G0Z2.
X125.
G94X150.9Z0.F0.2
G0Z80.M9
M5
```

```
T202
G50S1150
G96M3S430
G0X151.Z30.M8
Z0.5
G1X146.8F0.8
X150.5W-2.F0.22
X150.55Z-39.7F0.3
Z-40.18F0.24
X154.9F0.3
X157.5W-1.3F0.3
G0X300.Z150.M9
M5
M19
/M11
M61
M30

M60
M10
T707
M3S200
G0X100.M8
G4X2.
G0X320.M9
M5
M11T101
M61
M30
%
```

二、工序 20 加工程序

```
%（图 6.34 工序 20 加工程序）
O0508（AA5-2AC0501-OP20）
G99G54G40
M61
M10
T0808
```

```
G50S700
G96M3S300
G0X158.M8
Z0.5
G94X123.Z0.15F0.25
G0X150.8
G1Z-37.F0.25
X155.5F0.4
X157.5W-1.F0.25
G0U1.W0.5
Z0.5
X151.
G90X151.W-2.R-2.F0.25
G0Z140.
T303
G50S700
G96M3S300
G0X112.M8
Z-9.5
G94X123.5Z-9.9F0.24
G0X72.
Z-14.5
G94X112.Z-14.83F0.15
G0X45.
Z-41.3
G94X70.Z-41.64F0.26
G0Z0.5
X125.
G90X129.3Z-9.9F0.24
G0X133.8
G1X129.W-2.5F0.2
G0X112.
Z-9.5
G90X112.9Z-14.83F0.26
G0X73.
Z-14.5
G90X76.6Z-41.63F0.26
G0Z80.
T707
```

```
G97M3S650
G0X127.9M8
Z0.5
Z-9.3
G90X127.78Z-12.2F0.15
G90X127.66W-1.2R-1.2F0.25
G0Z0.5
X129.5
G1X129.5Z-12.2F0.26
X127.62F0.18
G0Z120.
M5
T404
G50S1100
G96M3S430
G0X75.M8
Z-14.5
G94X112.9Z-15.04F0.33
G90X76.W-2.4R2.4F0.2
G0X76.5
G90X77.03Z-41.6F0.4
G0X45.
Z-41.3
G94X77.Z-41.84F0.33
G90X46.W-2.R2.F0.25
G0Z-9.5
X112.
G94X125.4Z-10.F0.3
G90X113.13Z-15.03F0.35
G90X112.55W-2.5R-2.5F0.2
G0Z0.5
X128.5
G94X152.Z0.F0.25
G0Z80.M05
G97
T505
G99
M4S600
G0X112.1M8
```

```
Z-14.53
G1X114.03Z-16.F0.1
X112.1Z-14.53F0.5
G0X76.
Z-41.35
G1X78.9Z-42.8F0.1
X76.Z-41.35F0.5
G0Z180.
M5
T0101
G50S1150
G96M3S430
G0X151.M8
Z0.3
G90X151.W-2.2R-2.2F0.15
G0X150.5
G1Z-36.5F0.4
Z-37.F0.18
X155.2F0.4
X157.W-1.2F0.25
Z-41.5F0.4
G0X160.
Z150.M09
X250.M5
M19
/M11
M60
M30

M60
M10
T808
M3S200
G0Z-27.M8
G4X2.
G0Z150.M9
M5
M11T202
M30
%
```

模块九 工业机器人简介

一、机器人示教器、点动操作

（一）自主示教器构造

自主示教器的构造如图 9.1 所示。

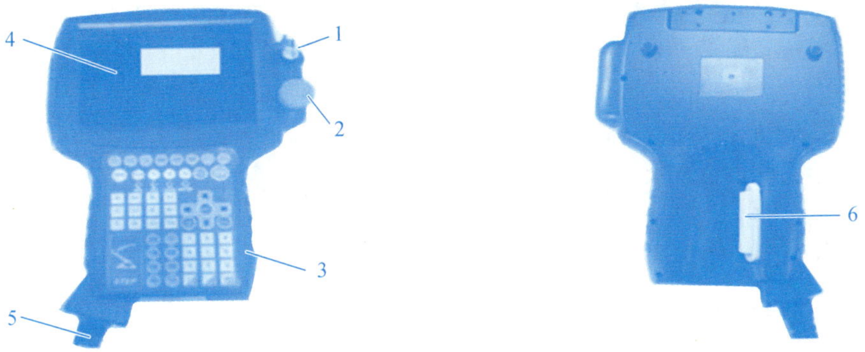

（a）正面　　　　（b）背面

1—钥匙开关；2—急停开关；3—物理按键；4—显示屏幕；5—编码器线缆；6—三位开关。

图 9.1　自主示教器

（二）物理按键介绍

自主示教器的物理按键如图 9.2 所示。

（a）

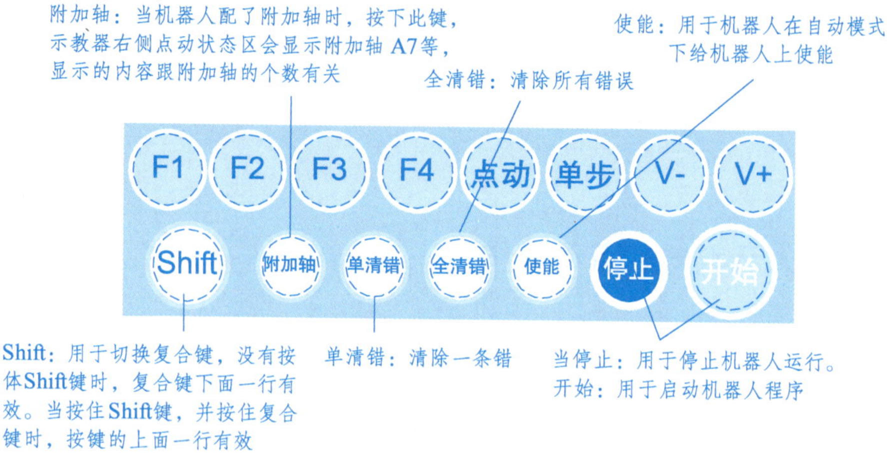

（b）

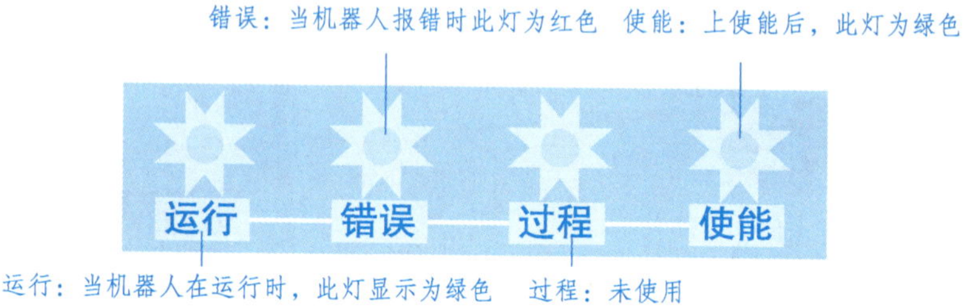

（c）

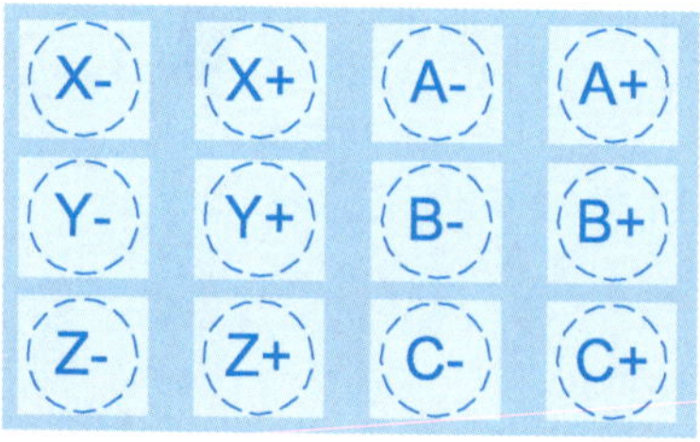

在关节坐标系下，是A1、A2、A3、A4、A5、A6；
在世界坐标系下，是X、Y、Z、A、B、C；
在工具坐标系下，是TX、TY、TZ、TA、TB、TC；
在自定义坐标系下，是RX、RY、RZ、RA，RB、RC；
切换到附加轴上时，是A7、A8、A9、A10、A11、A12

（d）

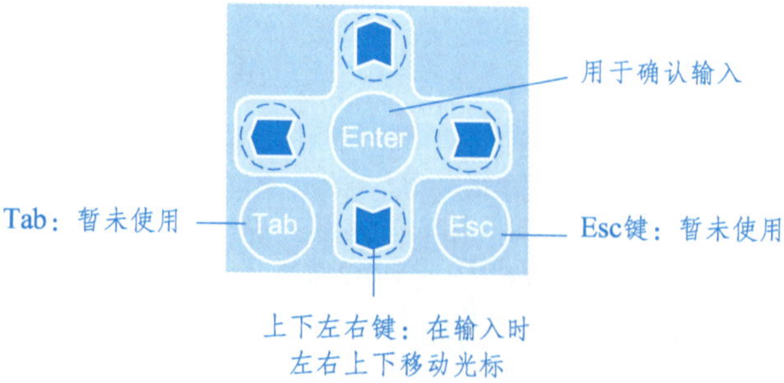

（e）

用于输入数字，利用Shift键，可以使用最后一排的复合键，即+-Del

（f）

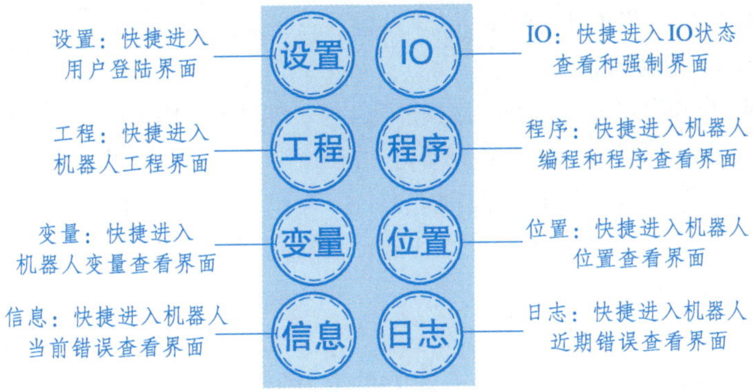

（g）

图 9.2　自主示教机物理按键

（三）状态栏介绍

状态栏主要用于直观显示机器人当前内部的一些状态，如图 9.3 和图 9.4 所示。

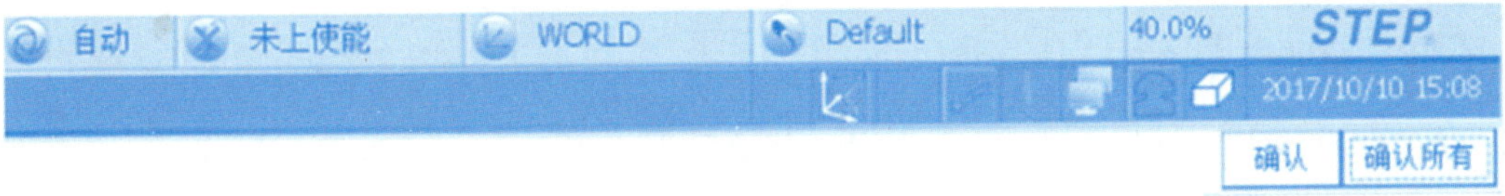

图 9.3　状态栏

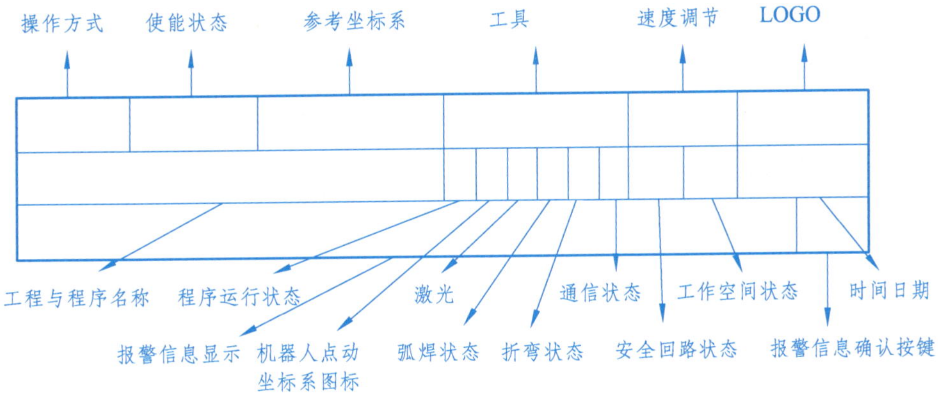

图 9.4　状态栏描述

（1）运行方式：主要分为三种，手动、自动、外部自动。运行方式通过示教器上的钥匙进行切换。

（2）使能状态：用于表示机器人是否上使能，图标表示机器人使能已经打开，图标表示机器人使能已经关闭。机器人使能开闭通过面板按键“Mot”和三位开关切换。

（3）参考坐标系：用于显示当前机器人系统内部参考坐标系（参考坐标系切换需要在程序中设定）。

（4）工具：用于显示当前机器人系统内部工具。机器人系统工具设置有两种方式：一是在机器人程序中设置，二是在机器人位置界面中通过工具设定下拉框来设置。

（5）Override：用于表示当前机器人运行速度参数，其有三种设置方式（一是程序中设置，二是通过机器人位置界面中的“v_jog”设置，三是通过面板按键“V＋”“V－”来设置）。

（6）Logo：机器人的标志。

（7）工程与程序名称：显示当前加载程序路径，如“proj1\program1”表示的是当前加载程序名称为“program1”，该程序所在工程为“proj1”。

（8）程序运行状态：运行状态有四种（运行、停止、暂停、回归），图标表示机器人处于运行状态，图标表示机器人处于暂停状态，图标表示机器人处于停止状态，图标表示机器人处于路径回归状态。

（9）程序运行模式：运行模式有三种（连续、单步、运动单步），图标表示机器人运行模式为连续，图标表示机器人运行模式为单步，图标表示机器人运行模式为运动单步。运行模式通过面板按键“Step”切换。

（10）急停按键状态：图标表示安全回路导通，图标表示安全回路断开。

（11）报警信息显示：显示当前机器人系统内部报警信息（错误、报警、信息）。

（12）报警信息确认按键：用于确认机器人系统内部报警信息，只有系统内部报警信息全部确认后，机器人才能再次上使能。

（四）功能菜单介绍

自主示教器主界面左侧第一个按钮为“菜单”，该菜单里包含示教器上左侧 7 个快捷操作外的所有功能菜单。

点击菜单后会弹出一级子菜单，如图 9.5 所示，包含登录、工作空间、信号配置、高级功能、系统配置、机器人配置、机械设定、系统文件、焊接监视。子菜单里带“>”标志的表示还有二级子菜单，如图 9.6 所示。

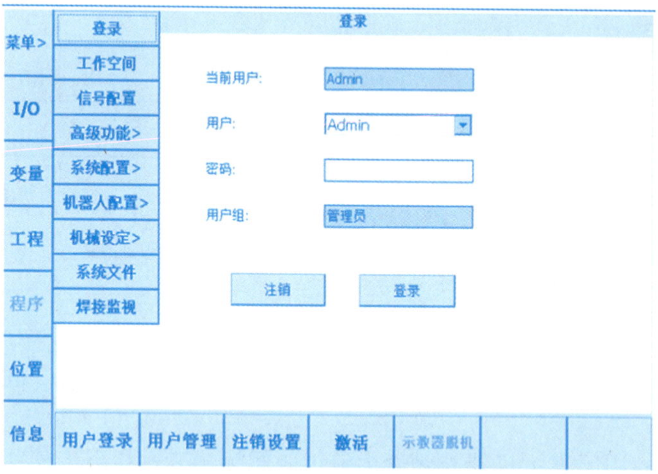

图 9.5　菜单

点击菜单栏里的一级子菜单按钮，若没有二级子菜单，则直接进入相应的界面，如点击登录按钮，示教器会直接切换到登录界面。若有二级子菜单，则会显示二级子菜单，然后点击二级子菜单里的按钮，示教器会直接切换到相应的界面，如点击高级功能里的工具示教按钮，示教器就会直接进入工具示教界面。示教器会记录上次点击的菜单里的按钮，下次再点击菜单按钮时，会直接展开上次选中的菜单界面，并且，上次选中的按钮会处于选中状态。

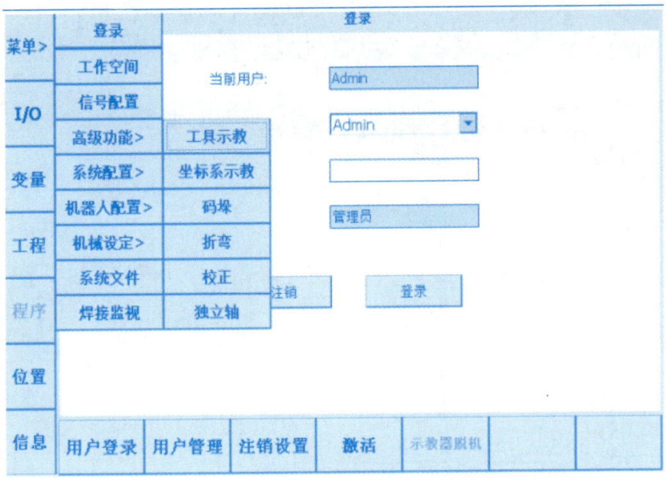

图 9.6　二级菜单

（五）位置界面介绍

点击示教器左侧的软按键位置，可以直接进入位置界面，如图 9.7 所示。

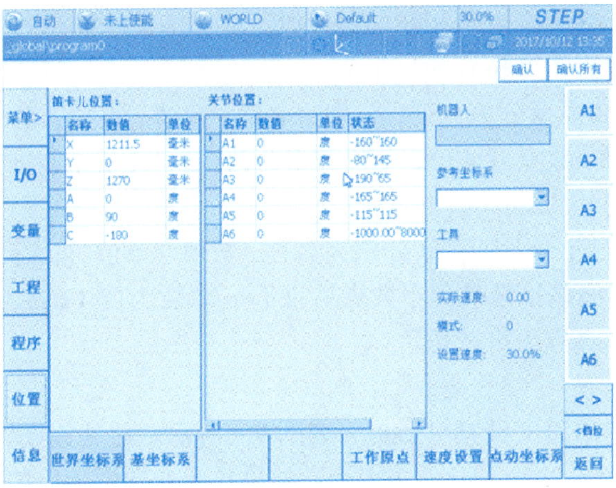

图 9.7　位置界面

1. 功能描述

位置界面用于显示当前机器人 TCP 点实时位置，设置机器人速度、点动参考坐标系、工具以及会工作原点等功能。

2. 界面描述

（1）机器人 TCP 和关节位置显示，如图 9.8 所示。

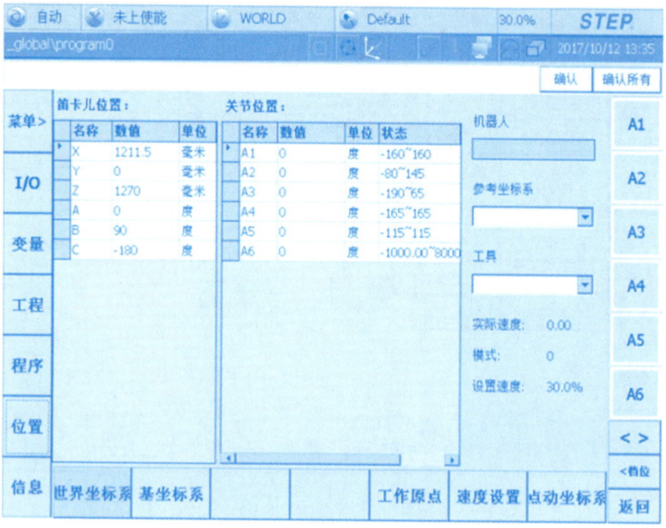

图 9.8　机器人笛卡儿和关节位置界面

① TCP 位置显示参考坐标系切换：界面下侧有 3 个按钮“世界坐标系”“基坐标系”“用户坐标系”（在使用了自定义参考坐标系时才显示），这三个按钮分别对应世界坐标系、基坐标系、自定义参考坐标系。在点击相应的按钮时，界面的笛卡儿位置就会显示相应坐标系下的值，且每个界面都包含关节位置的显示值。

② 笛卡儿空间位置显示分为三列，分别为名称、数值、单位；名称依次为 X、Y、Z、A、B、C；数值显示精确到小数点后 2 位；单位分为两种：毫米（mm，对应 X、Y、Z）和度（deg，对应 A、B、C）。

③ 关节空间位置显示分为四列，分别为名称、数值、单位、状态；名称依次为 A1、A2、A3、A4、A5、A6；数值显示精确到小数点后 2 位；单位为度（deg）；状态为各轴的运动范围，零点丢失时会显示零点丢失状态。

（2）机器人速度设置。

点击速度按钮会弹出速度设置对话框，如图 9.9 所示。此处速度设置分为 8 挡：100%、80%、50%、30%、10%、2inc、1inc、0.1inc。如果在此处选中相应的百分比（如 30%），状态栏中速度显示会做出相应变化。

说明：

① 速度设置还可以通过面板按键 V+、V-设置。

② 以“inc”结尾的速度对应增量点动，其他速度值对应连续点动。

（3）机器人点动参考坐标系设置

点击点动坐标系按钮会弹出点动参考坐标系设置对话框，如图 9.10 所示。

① 图 9.8 中“工具坐标系”“关节坐标系”“用户坐标系”“世界坐标系”对应参考坐标系为工具坐标系、关节坐标系、用户坐标系、世界坐标系。

② 点动参考坐标系设置为“工具坐标系”后，界面右侧状态栏会显示为 TX、TY、TZ、TA、TB、TC；点动参考坐标系设置为“用户坐标系” 后，界面右侧状态栏会显示为 RX、RY、RZ、RA、RB、RC；点动参考坐标系设置为“世界坐标系”后，界面右侧状态栏会显示为 X、Y、Z、A、B、C；点动参考坐标系设置为“关节”后，界面右侧状态栏会显示为

A1、A2、A3、A4、A5、A6；如果机器人配置有附加轴，点击附加轴按键后界面右侧状态栏会显示附加轴信息如 A7、A8、A9……，显示的个数与当前配置的附加轴个数相同。

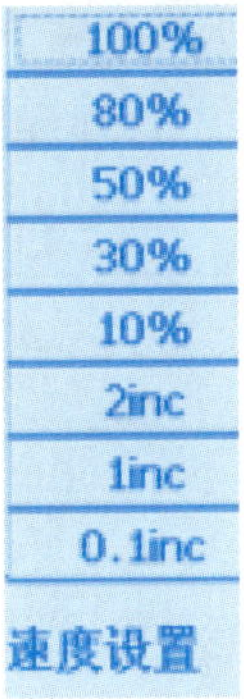

图 9.9　速度设置

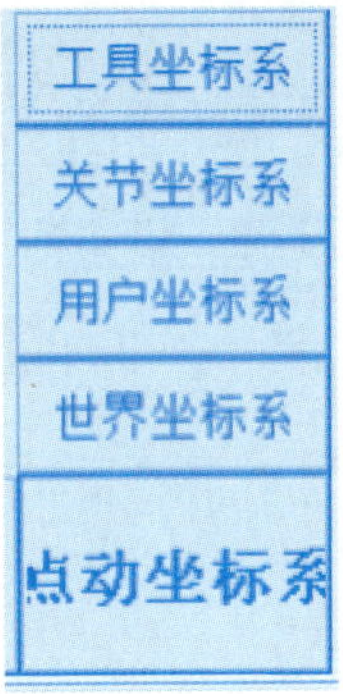

图 9.10　点动参考坐标系设置

（六）登　录

示教器启动后会自动进入登录界面，如图 9.11 所示。

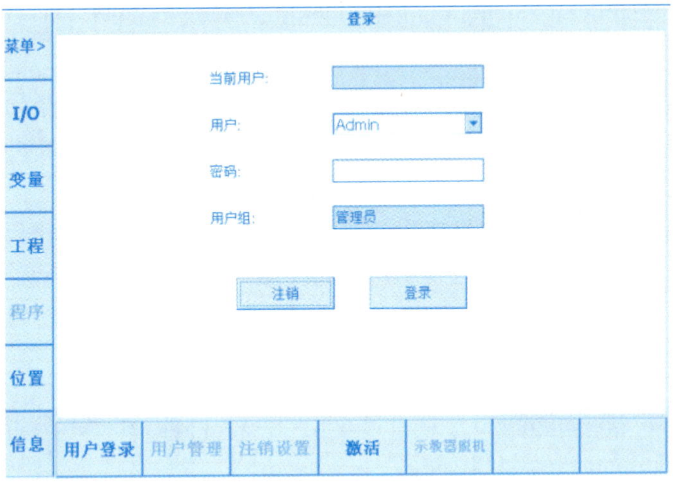

图 9.11　登录界面

此外，点击“菜单”→“登录”按钮也能进入示教器登录界面。

1. 用户登录

此界面用于进行用户登录以及注销用户操作。

（1）当前用户：用于标示当前登录用户名称，示教器程序启动后默认无用户登录，但此时可以使用示教器观察系统内部状态。

（2）用户：用于进行用户选择。

（3）密码：用于输入对应的用户密码。

（4）用户组：用于显示当前选择用户所属组。

（5）登录：点击登录完成选择用户的登录。

（6）注销：点击注销会退出当前登录的用户。

（7）Admin 默认登录密码为“123”。

2. 用户管理

点击用户登录界面左下方的“用户管理”按键，进入用户管理界面，如图 9.12 所示。

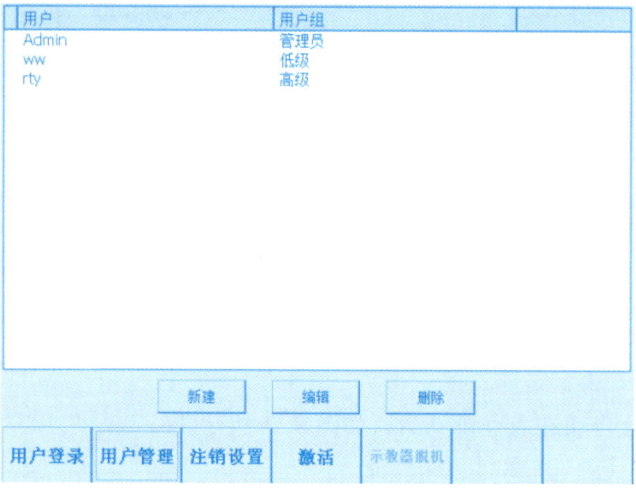

图 9.12　用户管理界面

用户栏用于显示示教器存在的用户名称（Admin 用户是始终存在的）；用户组栏用于显示相应用户所属的组，用户组分为四个级别：管理员、高级、中级、低级。

点击“新建”按钮进入到用户新建界面，如图 9.13 所示。

用户名栏用于输入用户名称（只接受英文字母），密码栏用于输入密码，密码确认栏用于重新输入用户密码，用户组栏用于选择用户所属的组（高级、中级、低级），点击“确认”按键完成用户新建工作，点击“取消”取消用户新建。注意密码与确认密码栏输入要一致。

点击“编辑”按键将进入用户编辑界面，如图 9.14 所示。

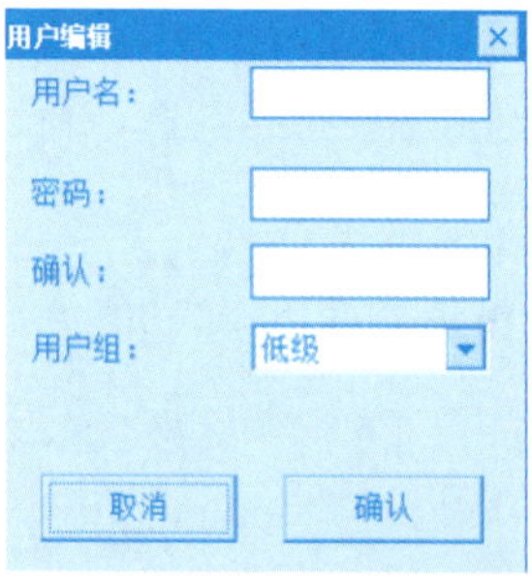

图 9.13　用户新建界面

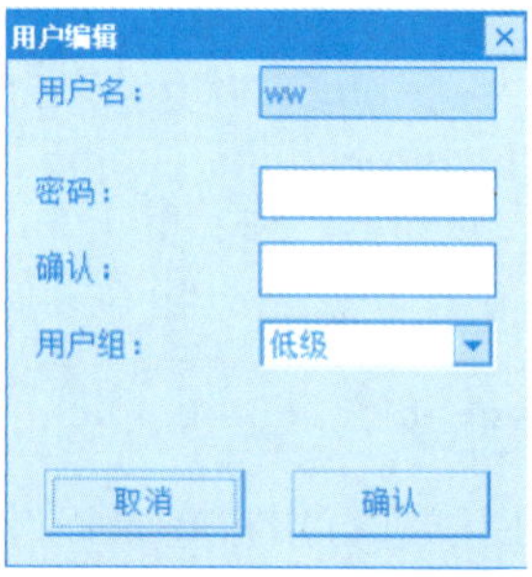

图 9.14　用户编辑界面

在用户编辑界面，可以对用户密码、用户所属组进行修改。点击“确认”按键完成用户编辑工作，点击“取消”取消用户编辑。

选中一个用户，点击“删除”按键，会弹出如图 9.15 所示对话框。点击“OK”完成用户删除工作，点击取消按钮取消用户删除。

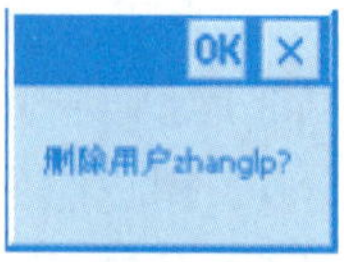

图 9.15　用户删除界面

注意：用户“Admin”是不可以删除的。

3. 用户注销

长时间不在机器人旁边或者不操作机器人时，可以注销当前用户，以免非操作人员非法操作机器人。用户注销后，不可进行示教、编程等操作，相当于未登录时的操作权限。用户注销分为两种：点击注销按钮注销当前用户和自动注销当前用户。

用户注销按键在示教器登录界面上，如图 9.16 所示，通过点击登录界面的“注销”按键可以注销当前用户：

图 9.16　用户登录界面

在用户登录界面，点击左下角的“注销设置”按钮，可以进入自动注销时间设置界面，如图 9.17 所示。

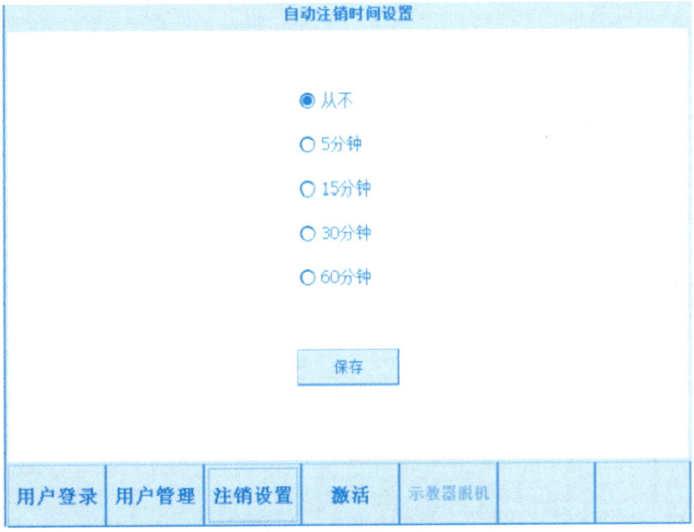

图 9.17　注销时间设置界面

自动注销时间可以设置为“从不”“5 分钟”“15 分钟”“30 分钟”“60 分钟”。选中相应选项，然后点击保存，就能成功设置自动注销的时间，如选中“5 分钟”，再点击“保存”，则 5 min 不操作示教器后，当前用户会被自动注销。

4. 示教器脱机

进入示教器登录界面，在示教器登录界面下方有一个“示教器脱机”按钮，如图 9.18 所示。在脱机状态下，即使拔掉示教器，机器人也能正常运行。

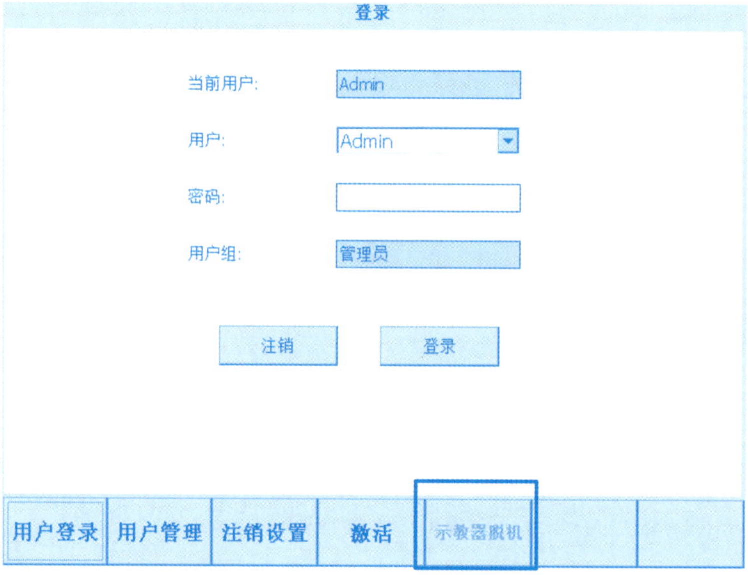

图 9.18　示教器脱机界面

只有切换钥匙到外部模式，才能点击该按钮，如图 9.19 所示。

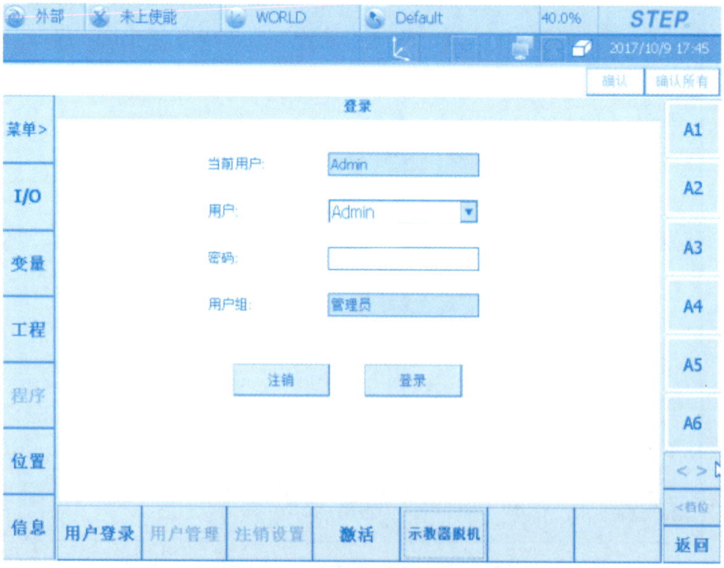

图 9.19　示教器脱机界面

点击“示教器脱机”按钮，弹出相应的提示框，如图 9.20 所示。

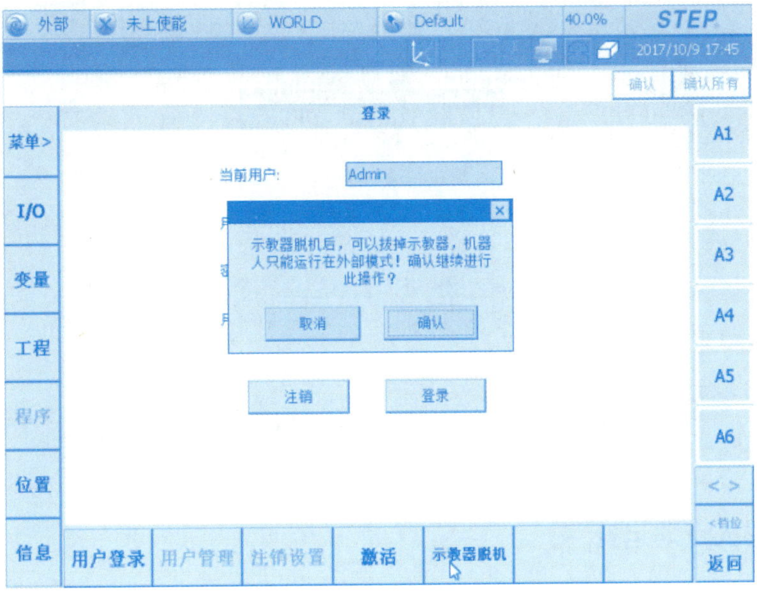

图 9.20　示教器脱机确认界面

示教器脱机后，机器人只能在外部模式下运行，点击提示框里的“确认”按钮，示教器上的状态栏上的钥匙模式变为脱机状态，如图 9.21 所示。

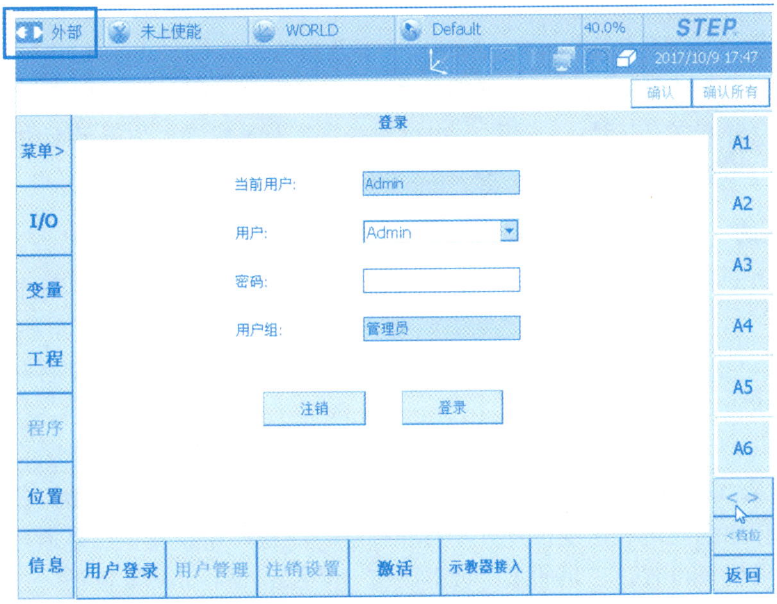

图 9.21　示教器脱机成功界面

当示教器处于脱机状态后，若想再使用示教器，可以在控制柜断电的情况下接入示教器，然后开机启动。此时，登录界面下方会有一个“示教器接入”按钮，直接点击“示教器接入”按钮，弹出接入成功的提示框（图 9.22），就可以正常使用示教器。

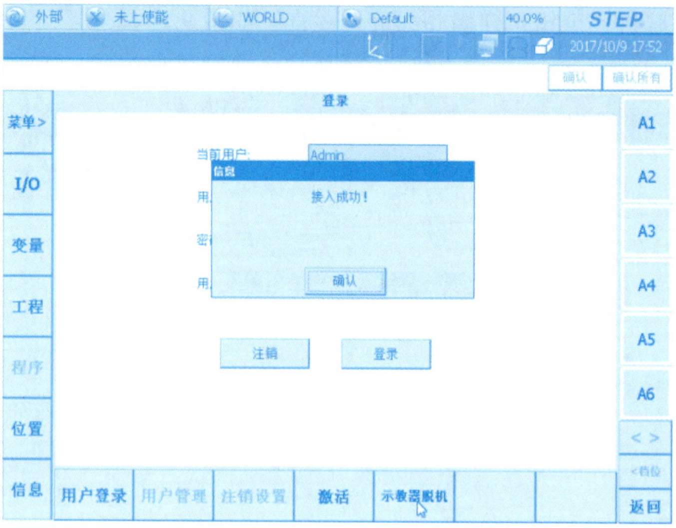

图 9.22　示教器接入界面

（七）机器人点动运行

1. 连续点动

所谓连续点动就是按住点动按键“+”“-”时，机器人会连续运动，松开按键“+”“-”时机器人停止运动。

连续点动首先需要设置速度（设置后速度不能以“inc”结尾），然后要确定右侧状态栏为关节点动或者笛卡尔点动状态。

连续点动参考坐标系有关节参考坐标系、笛卡儿参考坐标系（“WORLD”“ROBOTBASE”、自定义参考坐标系）。连续点动参考坐标系设置通过机器人位置界面中的点动坐标系按钮弹出框设定；速度设置方式有三种：一是程序中设置，二是通过机器人位置界面中的“速度设置”设置，三是通过示教器硬键“V+”“V-”来设置。

2. 增量点动

所谓增量点动就是机器人运行路径的长短与按住按键“+”“-”的时间长短无关，只与按下按键“+”“-”次数有关。

增量点动首先需要设置速度（设置后速度以“inc”结尾），然后确定右侧状态栏为关节点动或者笛卡尔点动状态。

类似连续点动，增量点动参考坐标系有关节参考坐标系、笛卡儿参考坐标系（“WORLD”“ROBOTBASE”、自定义参考坐标系）。增量点动参考坐标系设置通过机器人位置界面中的点动坐标系按钮弹出框设定；速度设置方式有三种：一是程序中设置，二是通过机器人位置界面中的“速度设置”设置，三是通过示教器硬键“V+”“V-”来设置。

3. 位置点动运行步骤

第一步：通过钥匙按钮将机器人调整到高速手动。只有机器人处于手动模式下时，机器人才能进行点动。

第二步：通过三位开关将机器人使能打开，当状态栏中使能标志变为时，表示机器人使能已经打开。

第三步：进行点动操作设置（连续点动、增量点动），各个点动方式设置参考对应文档说明。

第四步：运行机器人点动。

4. 程序点动运行步骤

第一步：选择运行方式。首先使用钥匙按钮将机器人运行模式调整到手动运行模式“T2”。

第二步：在工程界面中选择一个编辑好的程序，然后点击“下载”按钮，完成程序加载，如果状态栏中出现了加载程序，表明程序加载成功。

第三步：上使能，按住面板按键“Start”运行程序，此时程序开始运行，松开面板按键“Start”，程序运行停止。

5. 关节坐标系下点动机器人

关节坐标系下点动机器人步骤如图 9.23 和图 9.24 所示。

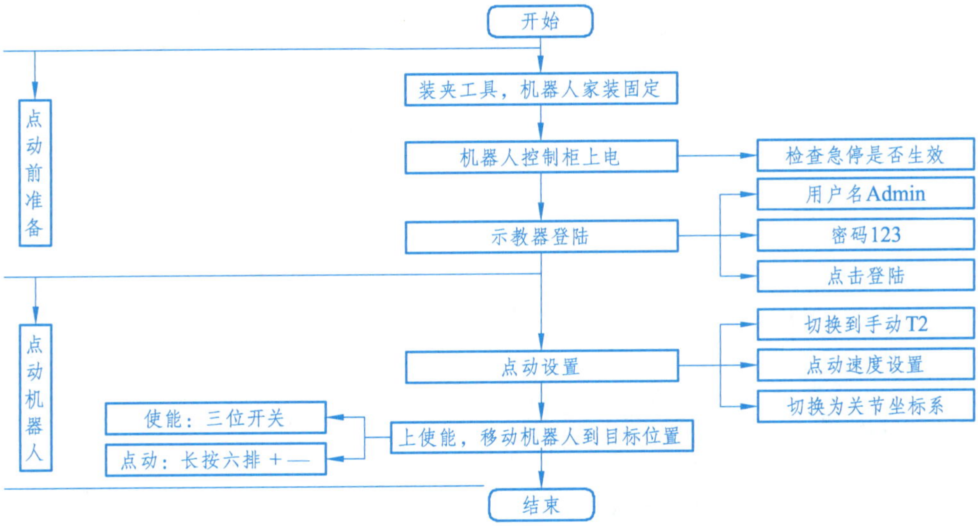

图 9.23　关节点坐标系下点动机器人流程

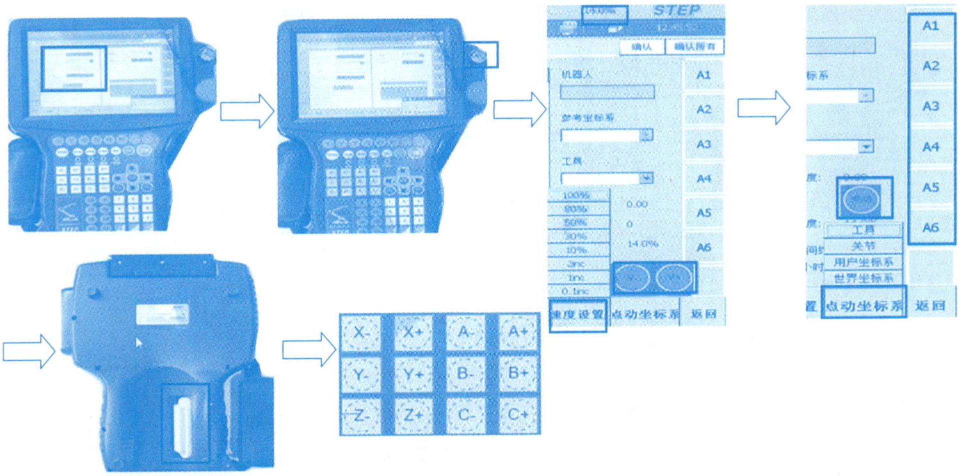

图 9.24　关节坐标系下点动机器人操作

6. 笛卡儿坐标系下点动机器人

笛卡儿坐标系下点动机器人如图 9.25 和图 9.26 所示。

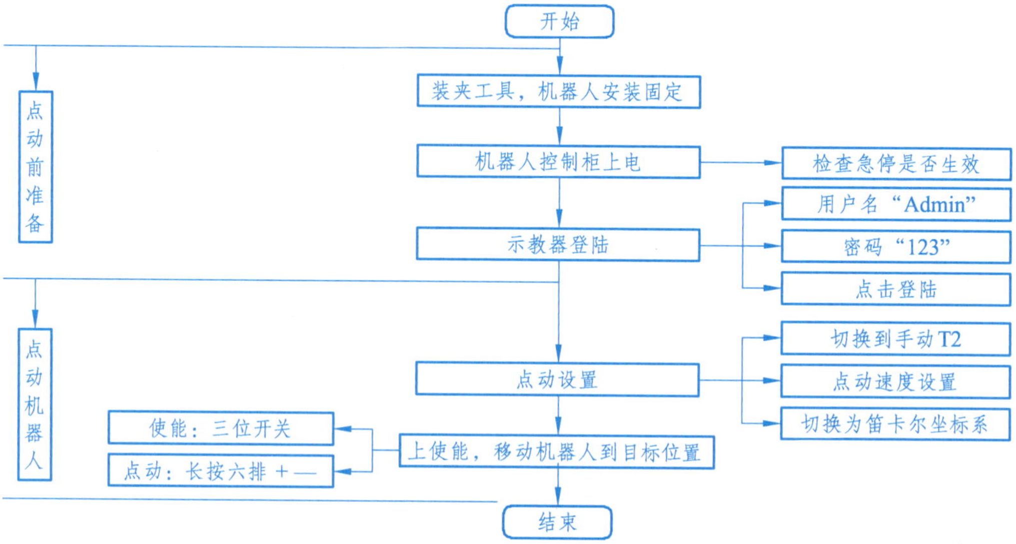

图 9.25　笛卡儿坐标系下点动机器人流程

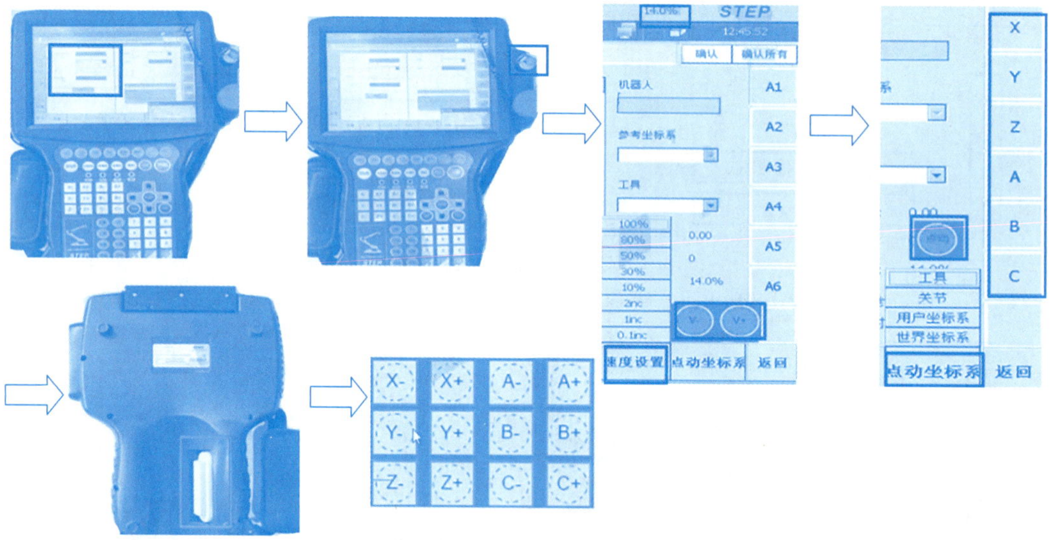

图 9.26　笛卡儿坐标系下点动机器人操作

二、机械手自动线的自动联动操作

（1）开启数控立式车床，进入自动加工模式，如图 9.27 所示。

（2）开启机器人，进入自动运行模式，如图 9.28 所示。

第一步：选择运行方式。使用钥匙按钮将机器人运行模式调整到自动运行模式（AUT）。

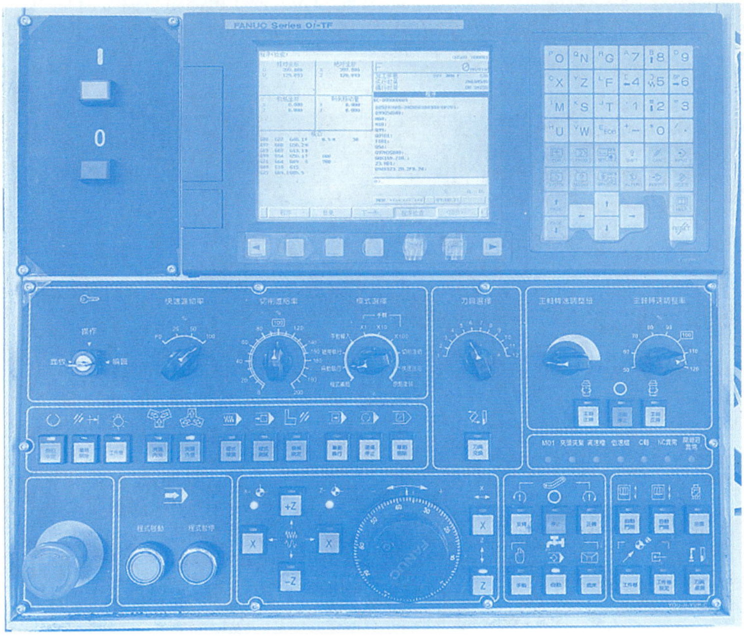

图 9.27　数控立车自动加工模式

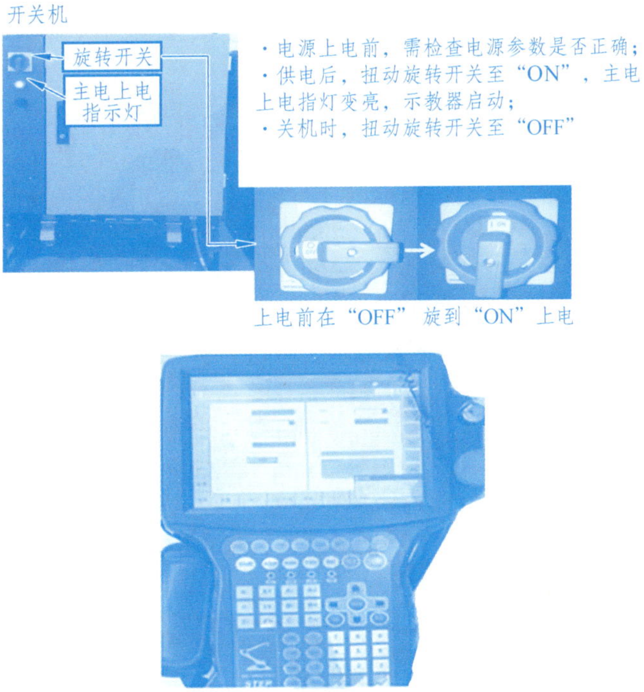

图 9.28　机器人自动运行模式

第二步：在工程界面中选择一个编辑好的程序，然后点击“下载”按钮，完成程序加载。如果状态栏中出现了加载程序的目录，表明程序加载成功。

第三步：上使能，点击面板按键“Start”运行程序。如果想停止程序运行，点击“Stop”按键停止程序运行。

（3）开启辅助流水线，自动联动数控立式车床、机器人进行自动流水生产作业，如图 9.29 所示。

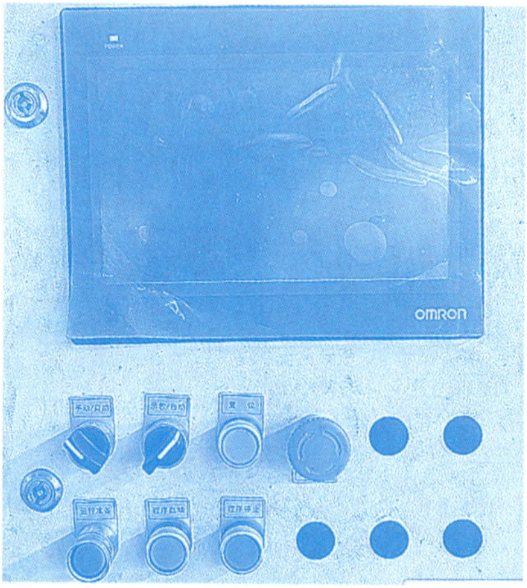

图 9.29　数控车床、机器人自动联动

模块十 STEP 工业机器人操作与编程

一、工业机器人基本操作

任务目标：完成参数设置、编辑程序和示教轨迹点，实现工业机器人复位到工作原点，再以关节插补的方式将 TCP 点运动到达物料盘抓取位上方位，然后以直线轨迹方式下到抓取位，延时等待 2 s，TCP 点接着以直线轨迹抬高 10 cm，最后工业机器人回到工作零位。

（一）安全操作工业机器人到达目标位姿

1. 机器人安全防护装置

机器人系统有下列安全防护装置：紧急关断按键、运行方式选择开关、机械终端卡位、软件限位开关。

（1）紧急关断按键。

机器人的急停按钮位于示教器控制面板上，按下紧急关断按键时，机器人驱动器将立刻关断。一旦出现危及人员或设备安全的情况，必须按下紧急关断按钮。若需继续运行，则必须旋转紧急关断按钮将其解锁，并对停机信息进行确认。

（2）运行方式选择开关。

机器人系统运行方式有三种：手动快速运行（T2）、自动运行（A）、外部自动运行（AE），见表 10.1。

机器人运行方式通过示教器面板上的钥匙开关来切换。机器人在运动过程中不得改变运行方式，如果进行此类操作机器人驱动器会立刻中断。

表 10.1　机器人运行方式

运行方式	应用	速度
手动快速运行（T2）	用于测试运行	编程运行：无速度限制要求； 点动运行：最高速度为 250 mm/s
自动运行（A）	示教器控制（用于不带上级控制系统的机器人系统）	编程运行：无速度限制要求； 点动运行：无法进行
外部自动运行（AE）	外部开关控制（用于带上级控制系统“如 PLC”的机器人系统）	编程运行：无速度限制要求； 点动运行：无法运行

编好一段程序，首先需要在手动模式下进行程序示教及操作，程序操作没有问题，才可以在自动模式下运行程序。手动模式下运行程序称为点动运行程序。

自动运行程序与点动运行程序不同之处在于：

自动运行程序通过点击“启动/Start”按键运行程序，手动运行程序要求一直按住“启动

/Start”按键运行程序，如果松开“启动/Start”按键，机器人将会减速停止运行。

点动运行程序更加安全，因为在手动模式下机器人的运行速度有更严格的限制。

（3）机械终端卡位。

基本轴 A1、A2、A3、A5 均有带缓冲器的机械终端卡位。

（4）软件限位开关。

机器人所有轴都可以通过设定的软件限位开关来限制机器人轴的运动范围。软件限位开关仅用作机械防护装置，并设定为机器人不会撞到机械终端限位上。

2. 机器人安全操作要求

（1）编程前。

① 务必在机器人的周围设置安全栅栏和安全门，栅栏与机器人距离至少达到 2 m，安全门上应有安全插销，在操作机器人时应站在栅栏之外，并保证安全插销已锁住。

② 操作者应特别注意，勿使其他人员进入安全栅栏以内。

③ 在进行外围设备的个别调试时，务必断开机器人的电源后再执行。

④ 在使用操作面板和示教器时，务必在手套摘下后再进行作业，因为戴手套可能会出现操作上的失误。

⑤ 首次使用机器人时，务必以低速进行，然后，逐渐加快速度，并确认是否有异常。

⑥ 在连接与停相关的外围设备（安全栅栏等）和机器人的各类信号（外部急停等）时，务必确认停的动作，以避免错误连接。

⑦ 不要在下面所示的情形下使用机器人，否则，不仅会给机器人和外围设备造成不良影响，而且还可能导致操作者重伤：

a. 在有可燃性的环境下使用。

b. 在有爆炸性的环境下使用。

c. 在存在大量辐射的环境下使用。

d. 在水中或高湿度环境下使用。

e. 在允许的运行范围之外使用。

f. 用作攀升的辅助工具。

g. 在不使用附加的防护装置情况下使用。

h. 在室外使用。

⑧ 操作者因不得已情形需要进入机器人安全栅栏内进行示教作业时，应注意下列事项：

a. 仔细察看安全栅栏内的情况，确认没有危险后再进入。

b. 要做到随时都可以按下急停按钮。

c. 应以低速运行机器人。

d. 应在确认整个系统的状态后进行作业，以避免由于针对外围设备的遥控指令和动作等而导致作业人员陷入危险境地。

⑨ 示教人员操作机器人前务必保证所有急停安全装置有效。

（2）编程时。

① 程序首次试运行，应以低于 20%的速度单步模式至少执行一个循环。

② 在低于 20%的速度连续模式下至少执行一个循环。

③ 在 20%～40%的速度下，连续运行模式执行一个循环，确认没有发生由于时滞等而引起的异常。

④ 在运转速度下，通过连续运转执行一个循环，确认可以顺畅进行自动运行。

⑤ 通过上面的测试运转确认程序没有差错，然后在自动运行下执行程序。

⑥ 应按下列要求进行操作以保证安全。

a. 操作人员在编写程序和操作机器人时必须站在安全区内，任何情况下都不可站在机器人任何轴的下方。

b. 与本体旋转轴保持距离，以防止头发或衣服被缠绕。

⑦ 仅在满足下列要求时，才能启动机器人进行自动操作：

a. 经过验证程序编写无误，手动模式（T2）下程序测试运行通过。

b. 预期的安全防护装置都在位，并且能起作用。

c. 所有人员都在安全防护区域。

d. 遵守其他安全操作规程。

（3）操作中。

① 电气操作是机器人其他项操作工作的前提，必须最先进行，并确认电气上安全功能始终有效。

② 确认安全防护装置和急停或联锁装置等在操作人员触手可及范围内，并始终具有最高控制权限。

③ 条件允许时，在调试时先执行脱机仿真，验证机器人的软件限位等安全功能确实行之有效。

④ 进行实机调试时，调试人员必须谨慎地操作，逐步增加机器人速度，并始终观察其运动情况。

⑤ 机器人运行过程中，不得随意修改机器人轨迹和其他程序语句。

⑥ 当机器人在工作过程中出现故障而停止时，先查看示教器，无法处理时通知维修人员，不要随意移动机器人的轨迹。

⑦ 运行过程中如果突然出现一些异常情况但未停机，如机械异响、运动异常等必须立即停机，相关人员确认发生原因后，方可继续执行操作工作。

⑧ 机器人及其系统的软件、硬件及任务程序更换、修理或维护后，一般必须进行重新启动操作，方可继续操作过程。

3. 操作工业机器人到达目标位姿

任务：手动操作工业机器人到达物料盘抓取位，再操作工业机器人回复到工作零位。

步骤 1：登录。

示教器启动后会自动进入登录界面，如图 9.11 所示。

步骤 2：点动运行操作工业机器人

第一步：通过钥匙按钮将机器人调整到高速手动。只有机器人处于手动模式下时，机器人才能进行点动。

第二步：进行点动操作设置，选择连续点动，关节参考坐标系。

第三步：通过三位开关将机器人使能打开，当状态栏中使能标志变为时，表示机器人使能已经打开。

第四步：选择合适的速度，点动操作工业机器人 6 个关节，使得工业机器人到达工作原点位姿，并在工作原点功能界面中，点击示教按钮，将当前的工业机器人 TCP 点示教保存为 RP1。

第五步：选择 ROBOTBASE 坐标系。

第六步：操作工业机器人沿着笛卡儿参考坐标系的 *X*、*Y*、*Z* 轴向运动，到达工件抓取位姿。

第七步：操作工业机器人沿着笛卡儿参考坐标系的 *Z* 轴向运动，抬起工业机器人 TCP。

第八步：在工作原点功能界面中，选择 RP1 点，并设置为 PTP 方式到达，点击开设完成复位到 RP1 工作原点。

（二）工业机器人的运动指令

1. PTP

（1）使用格式。

PTP（pos，dyn，ovl，tool，refsys）

（2）参数。

```
pos: POSITION_ //语句的目的位置，必填
OPTIONAL  dyn: DYNAMIC_ //动态特性，选填项
OPTIONAL  ovl: OVERLAP_ //圆滑数据，选填项
OPTIONAL  tool: TOOL_ //工具数据，选填项
OPTIONAL  refsys: REFSYS_ //坐标系数据，选填项
```

（3）功能描述。

实现点到点运动，即机器人从当前位置以最快的方式运动到目标点 pos，运行过程中的动态参数和圆滑参数由 dyn 和 ovl 确定，工具和坐标系参数由 tool 和 refsys 确定。

（4）编写示例。

```
PTP（ap1）;
```

机器人从当前位置以最快的方式运动到 ap1 点，动态、圆滑、工具和坐标系参数为默认值。

2. Lin

（1）使用格式。

```
Lin（pos，dyn，ovl，ori，tool，refsys）
```

（2）参数。

```
pos: POSITION_ //目的位置，必填
OPTIONAL  dyn: DYNAMIC_ //动态特性，选填
OPTIONAL  ovl: OVERLAP_ //圆滑数据，选填
OPTIONAL  ori: ORITYPE //姿态参数，选填
OPTIONAL  tool: TOOL_ //工具数据，选填项
OPTIONAL  refsys: REFSYS_ //坐标系数据，选填项
```

（3）功能描述。

机器人的 TCP 将会以一个直线运动的方式从初始位置运动到目标位置，运行过程中的动态参数、圆滑数据以及姿态由 dyn、ovl 和 ori 确定，工具和坐标系参数由 tool 和 refsys 确定。

（4）编写示例。

Lin（apá，dyná，oÁlá，oriá）;

机器人从当前位置以直线的方式运动到 ap1，运行过程中的动态参数由 dyn1 决定，圆滑数据由 ovl1 确定，姿态根据 ori1 变化，工具、坐标系参数为默认值。

3. Circ

（1）语句格式。

Circ（hlpPos，pos，dyn，oÁl，ori，tool，refsys）

（2）参数。

```
hlpPos: POSITION_ //圆弧上的辅助位置，中间点必填
pos: POSITION_ //目的位置，必填
OPTIONAL  dyn: DYNAMIC_ //动态特性，选题
OPTIONAL  ovl: OVERLAP_ //圆滑数据，选填
OPTIONAL  ori: ORITYPE //姿态参数，选填
OPTIONAL  tool: TOOL_ //工具数据，选填项
OPTIONAL  refsys: REFSYS_ //坐标系数据，选填项
```

（3）功能描述。

控制 TCP 执行一段圆弧运动，同时动态参数和圆滑数据由 dyn 和 ovl 确定，姿态按照 ori 的选项做变化，工具和坐标系参数由 tool 和 refsys 确定。

（4）编写示例。

```
Circ（ap0，ap1）;
```

通过当前位置点和 ap0、ap1 三点确定唯一的一条弧线，机器人从当前位置沿着这条弧线运动到 ap1 点。

4. PTPRel

（1）语句格式。

```
PTPRel（pos，dyn，ovl，tool，refsys）
```

（2）参数。

```
pos: DISTANCE_ //移动的距离，必填
OPTIONAL  dyn: DYNAMIC_ //动态数据，选填
OPTIONAL  ovl: OVERLAP_ //圆滑数据，选填
OPTIONAL  tool: TOOL_ //工具数据，选填项
OPTIONAL  refsys: REFSYS_ //坐标系数据，选填项
```

（3）功能描述。

PTPRel 是一个点到点的相对运动命令，移动的距离是相对机器人初始位置（该位置取决于前一个运动指令）。

（4）编写示例。

```
PTPRel（apd0）;
```

机器人从当前位置以点到点的方式移动 apd0 的距离。

5. LinRel

（1）语句格式。

```
LinRel（dist，dyn，ovl，ori，tool，refsys）
```

（2）参数。

```
dist: DISTANCE_ //移动的距离，必填
OPTIONAL  dyn: DYNAMIC_ //动态数据，选填
OPTIONAL  ovl: OVERLAP_ //圆滑数据，选填
OPTIONAL  ori: ORITYPE //姿态参数，选填
OPTIONAL  tool: TOOL_ //工具数据，选填项
OPTIONAL refsys: REFSYS_ //坐标系数据，选填项
```

（3）功能描述。

LinRel 是一个相对直线运动命令，移动的距离是相对机器人初始位置（该位置取决于前一个运动指令）。

（4）编写示例。

```
LinRel（cpd0）;
```

机器人从当前位置直线的方式移动 cpd0 的距离。

6. WaitTime

（1）语句格式。

```
WaitTime（timeMs）;
```

（2）参数。

```
timeMs: UINT//时间（毫秒 ms）
```

（3）功能描述。

该指令暂停机器人 timeMs 时间。

（4）编写示例。

```
WaitTime（unit0）;
```

机器人暂停 unit0 毫秒。

（三）创建并运行轨迹程序

1. 文件架构

（1）工程文件。

工程文件是一个目录文件夹，后缀名为“.sr”，工程文件新建时会自动生成一个名为“_project.srd”的工程变量数据文件。

（2）用户程序文件。

用户程序文件包含用户指令的文件，文件后缀为“srp”。

（3）用户数据文件。

数据文件包含用户程序文件中的变量及对应的值，文件后缀为“srd”。

2. 新建工程

步骤 1：点击示教器左侧的软按键工程，可以直接进入工程界面，如图 10.1 所示。

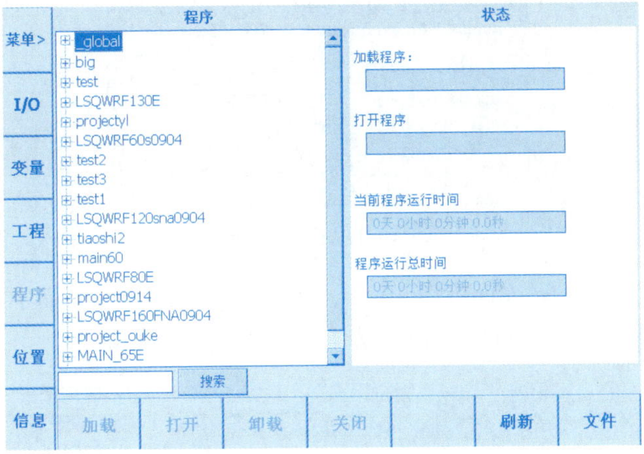

图 10.1　工程界面

步骤 2：点击“文件”按钮会弹出工程、程序编辑对话框，如图 10.2 所示。

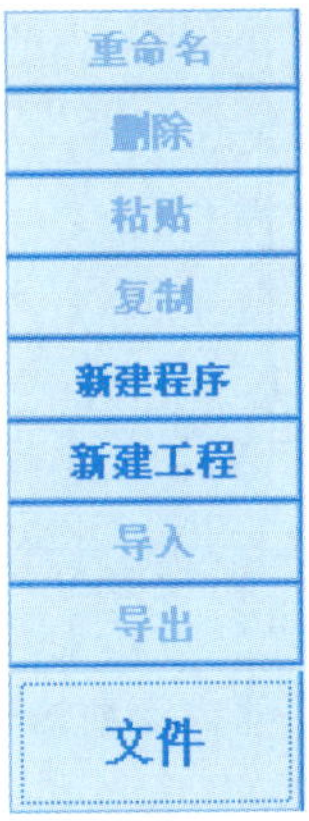

图 10.2　工程、程序编辑对话框

步骤 3：点击“新建工程”按钮，弹出如图 10.3 所示对话框。

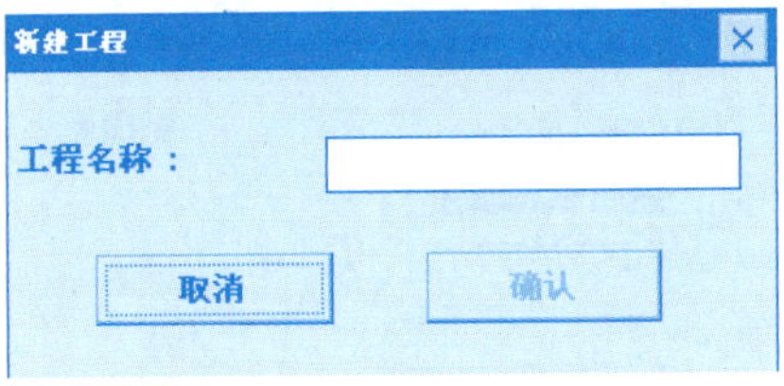

图 10.3　工程新建对话框

输入工程名字“MyPro”，也可以自己命名，点击“确认”按钮完成工程新建，点击“取消”按钮取消工程新建。

步骤 4：在界面左侧选中一个工程或者程序节点，然后点击“新建程序”按钮，弹出如图 10.4 所示对话框。

“工程名称”栏显示的是将要建程序所属的工程名称，输入程序名字“main”，点击“确认”按钮完成程序新建，点击“取消”按钮取消程序新建。

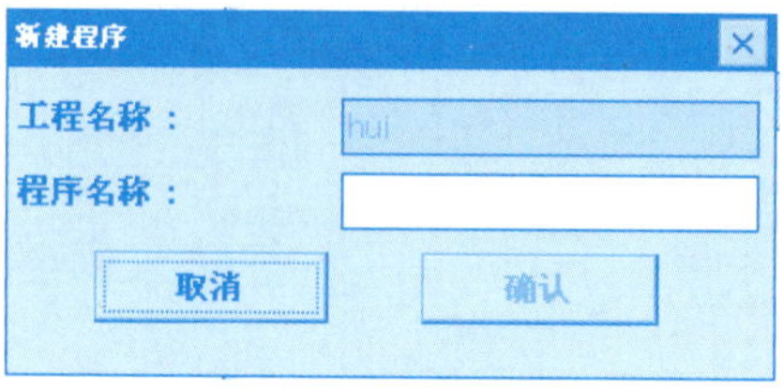

图 10.4　新建对话框

步骤 5：进入到程序编辑界面（图 10.5），在机器人语句选择界面中点击“运动语句”按钮，界面右侧将出现运动语句可以选择，选中一个希望插入的语句。

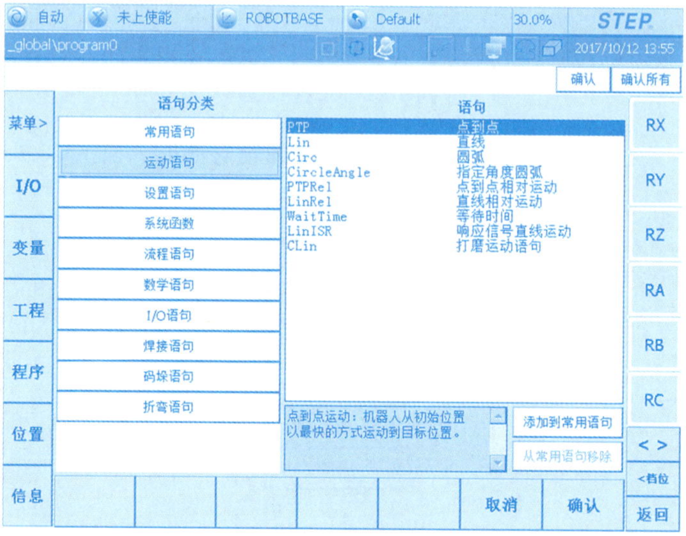

图 10.5　机器人运动语句选择界面

然后点击“确认”按钮将进入到该语句的设置界面（点击“取消”将退回到程序显示界面），图 10.6 所示为“PTP”语句的设置界面。

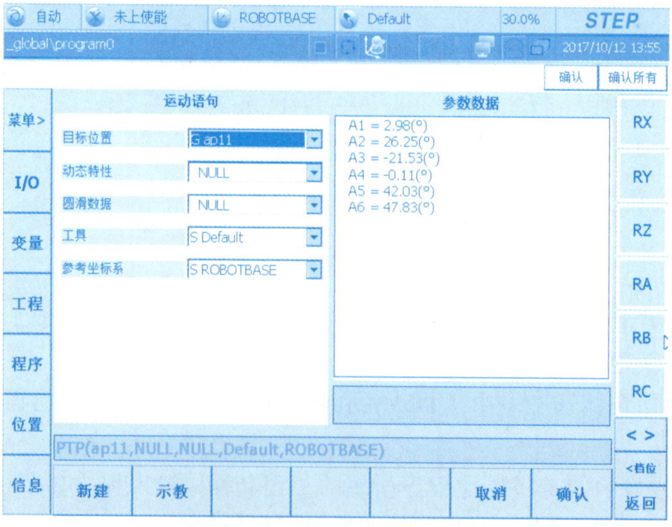

图 10.6　PTP 语句设置界面

在图 10.6 左侧可以对 PTP 语句使用到的参数进行选择，右侧显示的是当前选中参数的数值，点击数值可以进行变量修改。下侧文本框显示的是将要插入语句的文本值，在修改语句参数过程中，文本值会进行相应的变化。点击“取消”按钮将取消该语句的插入并返回到语句选择界面，点击“确认”按钮将完成语句的插入。

如果选中的参数类型为机器人位置类型参数，可以点击“示教”按钮对该参数进行示教。

点击“新建”按钮进入到参数变量的新建界面，注意这里进入的变量新建界面与当前需要输入的参数类型有关系，如果选中的参数变量类型为机器人位置变量类型，将进入如图 10.7 所示的变量新建界面。

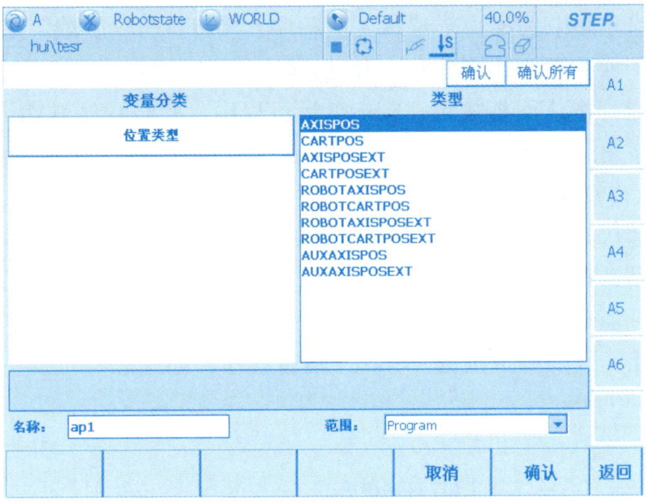

图 10.7　位置变量新建界面

首先选中希望新建的变量类型，然后输入变量的名称（首字符必须为英文字母），最后选择变量位置：全局变量（Global）、工程变量（Project）、程序变量（Program）。

步骤 6：依次写入如下代码程序，完成工业机器人复位到工作原点，再以关节插补的方式将 TCP 点运动到达物料盘抓取位上方位，TCP 点再以直线轨迹方式下到抓取位，延时等待 2 s，TCP 点再以直线轨迹抬高 10 cm 距离，最后工业机器人回到工作零位。

```
PTP（yuandian，NULL，NULL，Default，WORLD）;
PTP（quliaodian_up，NULL，NULL，Default，WORLD）;
LIN（quliaodian，NULL，NULL，Default，WORLD）;
WaitTime（2000）;
LinRel（cpd10，NULL，NULL，Default，WORLD）;
PTP（yuandian，NULL，NULL，Default，WORLD）;
```

步骤 7：设置“yuandian”“cpd10”数据值，示教点（quliaodian，quliaodian_up）

```
AXISPOS yuandian: ={0，－45，45，0，90，0}
POSOFFSET cpd10: ={0，0，100，0，0，0}
CARTPOS quliaodian: ={－937.944076，－286.125120，893.732317，－179.994008，0.010947，98.255319，0.000000，0.000000，0.000000，0.000000，0.000000，0.000000，0 }
```

```
CARTPOS quliaodian_up: ={-937.944076, -286.125120, 993.732317,
-179.994008,0.010947,98.255319,0.000000,0.000000,0.000000,0.000000,
0.000000, 0.000000, 0}
```

3. 自动运行程序

编写好程序后，首先需要在手动模式下进行程序示教及调试，程序调试没有问题后，才可以在自动模式下运行程序。手动模式下运行程序称为点动运行程序。

步骤 1：程序点动运行。

第一步：选择运行方式。首先使用钥匙按钮将机器人运行模式调整到手动运行模式“T2”。

第二步：在工程界面中选择一个编辑好的程序，然后点击“下载”按钮，完成程序加载，如果状态栏中出现了加载程序，表明程序加载成功。

第三步：上使能，按住面板按键“Start”运行程序，此时程序开始运行，松开面板按键“Start”，程序运行停止。

步骤 2：机器人自动运行程序。

第一步：选择运行方式。使用钥匙按钮将机器人运行模式调整到自动运行模式（AUT）。

第二步：在工程界面中选择一个编辑好的程序，然后点击“下载”按钮，完成程序加载，如果状态栏中出现了加载程序的目录，表明程序加载成功。

第三步：上使能，点击面板按键“Start”运行程序。如果想停止程序运行，点击“Stop”按键停止程序运行。

二、工业机器人上下料应用编程

任务目标：完成参数设置、编辑程序和示教轨迹点，实现工业机器人复位至工作原点，然后到物料台取料，运行到数控机床门外，等待机床加工完成并打开机床门到位，再以关节插补的方式将 TCP 点运动到达数控机床中的工件加工位上方，TCP 点再以直线轨迹方式下到工件加工位。输出 IO 信号，控制机床卡盘松开到位，再控制夹爪松开工件。输出 IO 控制机床卡盘夹紧，延时等待 2 s。TCP 点再以直线轨迹抬高 10 cm 距离，再运行出机床，输出 IO，控制机床关门到位，然后启动数控加工程序。等待机床加工完成并打开机床门到位，工业机器人再次进入数控机床，输出 IO 信号，控制夹爪夹紧工件，控制机床松开卡盘，延时等待 2 s。TCP 点以直线轨迹抬高 10 cm 距离，再运行出机床，然后运行到传送带的工件放置点，松开夹爪释放工件，TCP 点抬起 10 cm，最后工业机器人回到工作零位。

（一）工业机器人输入输出设备 IO 指令

1. DIRead

（1）语句格式。

```
BOOLVAR = DIRead (di, CONT);
```

（2）参数。

```
di: DI //数字输入信号端口号;
CONT: 枚举 //可选参数
```

（3）功能描述。

该指令用于从外部数据端口读取数字量输入，并将值返给左值变量 BOOLVAR。若不带 CONT 参数，DIRead 会打断预读，并且运行到该语句时读取 di 端口的值，并赋值给 BOOLVAR。若带 CONT 参数，则在预读该语句时就会直接读取 di 端口的值，并继续往后预读，但是要运行到这一条语句时才将值赋给左值变量 BOOLVAR。

（4）编写示例。

```
PTP（ap0）;
bool0: =DIRead（di0）;
```

运行到 DIRead 语句时，才会读取 di0 的值，并将 di0 端口的值赋给 bool0;

```
PTP（ap0）;
bool0: =DIRead（di0, CONT）;
```

连续模式下，运行 PTP 时，就会读取 di0 的值，等运行到 DIRead 语句时，将 di0 的值赋给 bool0。

2. DIWAIT

（1）语句格式。

```
BOOLVAR=DIWAIT（di, val, time, CONT）;
```

（2）参数。

```
BOOLVAR: BOOL
di: DI
val: BOOL
time: UINT（毫秒）可选
CONT: 枚举类型，可选
```

（3）功能描述。

该指令用于在指定等待时间内等待触发信号并赋值，返回值为 bool 型。

若不带 CONT 参数，则运行到该 DIWAIT 语句的时候才开始判断 di 的值与 val 值是否相等。若相等，则给左值 BOOLVAR 赋值 TRUE；若不等，则等待 time 时间，在这段时间之内，等到了 val 信号，也给左值 BOOLVAR 赋值 TRUE，没有等到 val 信号，则给左值 BOOLVAR 赋值 FALSE，并往下运行，如果没有设置 time 参数，则会一直等待，直到等到 val 信号。

若带 CONT 参数，则在预读时就判断 di 的值是否与 val 值相等。若相等，则继续往下预读，运行到 DIWAIT 语句时给 BOOLVAR 赋值 TRUE；若不等，则会打断预读，并且运行到 DIWAIT 语句时再读取 di 的值，判断 di 的值与 val 的值，若相等，则给左值 BOOLVAR 赋值 TRUE，若不等，则等待 time 时间，在这段时间之内，等到了 val 信号，也给左值 BOOLVAR 赋值 TRUE，没有等到 val 信号，则给左值 BOOLVAR 赋值 FALSE，并往下运行，如果没有设置 time 参数，则会一直等待，直到等到 val 信号。

（4）编写示例。

```
PTP（ap0）;
bool0=DIWAIT（di0, val0, time0）;
```

运行到 DIWAIT 语句时，在 time0 时间内，若从 di0 数字量输入端得到了 val 信号，就将

bool0 置 TRUE，若没有，则等待 time0 时间后，给 bool0 置 FALSE。

```
PTP ( ap0 );
bool0 = DIWAIT ( di0, val0 );
```

运行到 DIWAIT 语句时，对比 di0 数字输入端的值与 val 的值。若相等，则给 bool0 置 TRUE，若不等，则一直等待，直到 di0 数字输入端的值与 val 相等。

```
PTP ( ap0 );
bool0 = DIWAIT ( di0, val0, time0, CONT );
```

运行 PTP 语句时，判断 di0 的值与 val0 的值是否相等。若相等，继续往下预读，运行到 DIWAIT 时给 bool0 置 TRUE；否则，等程序运行到 DIWAIT 时，再开始判断，在 time0 时间内，若从 di0 数字量输入端得到了 val 信号，就将 bool0 置 true，若没有，则等待 time0 时间后，给 bool0 置 false。

```
PTP ( ap0 );
bool0 = DIWAIT ( di0, val0, NULL, CONT );
```

运行 PTP 语句时，判断 di0 的值与 val0 的值是否相等。若相等，继续往下预读，运行到 DIWAIT 时给 bool0 置 TRUE；若不等，则等程序运行到 DIWAIT 语句时，再进行判断，一直等待，直到 di0 数字输入端得到 val 信号。

3. DOSet

（1）语句格式。

```
DOSet ( do, val, CONT );
```

（2）参数。

```
do: DO
val: BOOL
```

CONT：枚举，可选参数

（3）功能描述。

该指令用于给外部 DO 端口设置值。

若不带 CONT 参数，则运行到该语句时才会给 DO 端口设置值，但是不会中断语句的预读。

若带 CONT 参数，则在预读时直接给 DO 端口设置值，即有可能还没有运行到该语句时就直接输出 DO。

（4）编写示例。

```
PTP ( ap0 );
DOSet ( do0, val0 );
```

运行到 DOSet 语句时给 do0 输出 val0。

```
PTP ( ap0 );
DOSet ( do0, val0, CONT );
```

连续模式下，运行 PTP 时直接给 do0 输出 val0。

4. DOPulse

（1）语句格式。

DOPulse(do, bool, pulsetime, CONT);

(2)参数。

do: DO

bool: BOOL

pulsetime: INT

CONT: 枚举类型，可选参数

(3)功能描述。

给 do 输出一个持续 pulsetime 时间的脉冲，脉冲信号值由 bool 参数确定。若 bool 为 TRUE，则给 do 输出一个持续时间为 pulsetime 的高电平脉冲；若为 FALSE，则给 do 输出一个持续时间为 pulsetime 的低电平脉冲。

若不带 CONT 参数，则在运行 DOPulse 语句时才输出 DO。

若带 CONT 参数，则在预读 DOPulse 语句时就给 DO 输出一个脉冲。

(4)编写示例。

PTP(ap0);

DOPulse(do0, bool0, time0); //bool0 为 TRUE，time0 为 1000

运行到 DOPulse 语句时，给 do0 输出一个高电平脉冲，高电平持续时间为 1 s。

(二)工业机器人 IO 分配

1. IO 配置

点击示教器上的配置按钮，在弹出目录里选择信号配置，进入信号配置页面，选择“IO 配置”，进入 IO 配置界面，如图 10.8 所示。

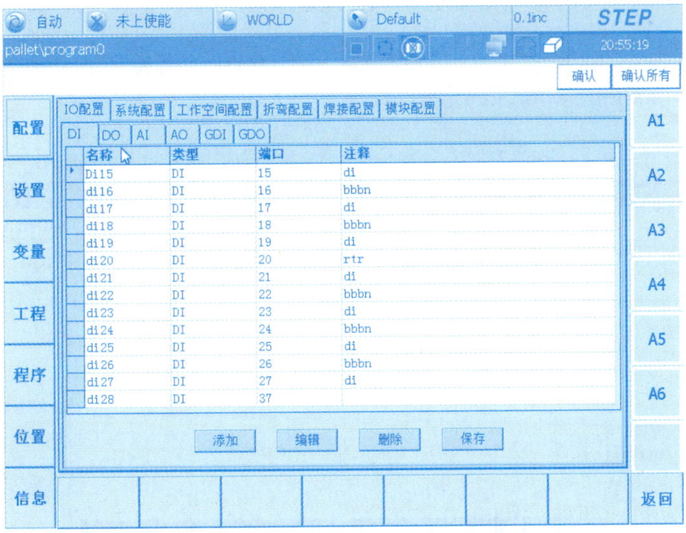

图 10.8　IO 配置界面

(1)IO 配置包含 DI、DO、AI、AO、GDI、GDO 六个配置界面，其中 DI 用于配置数字输入信号，DO 用于配置数字输出信号，AI 用于配置模拟输入信号，AO 用于配置模拟输出信号，GDI 用于配置组数字输入信号，GDO 用于配置组数字输出信号。

（2）选择 DI 界面，进入数字输入配置界面，如图 10.9 所示。DI 信号最多能配 96 个，端口为 1 ~ 96。

（3）在 DI 配置界面，第一列显示 DI 信号的名称，第二列显示 IO 信号的类型，第三列显示 DI 的端口号，第四列显示 DI 信号的注释。

（4）点击 DI 配置界面的“添加”按钮，会弹出添加 DI 信号的编辑框。

（5）在名称栏里输入添加的 DI 信号的名称，端口号里输入 DI 端口号，端口号不能为已经使用了的端口号，即不能与别的 DI 信号的端口号重复，再到注释栏里输入字符串注释该 DI 信号，如图 10.9 所示。

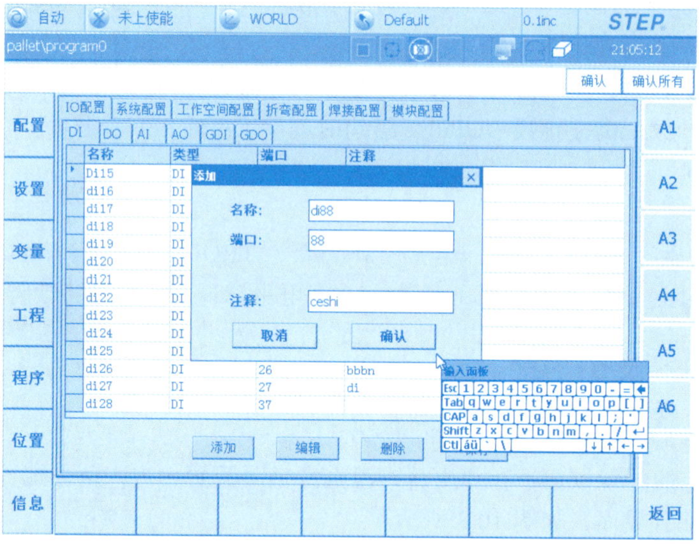

图 10.9　IO 配置添加 DI

（6）点击“确认”，如果端口号和名称没有与别的 DI 信号重复，就能成功添加 DI 信号，如图 10.10 所示。

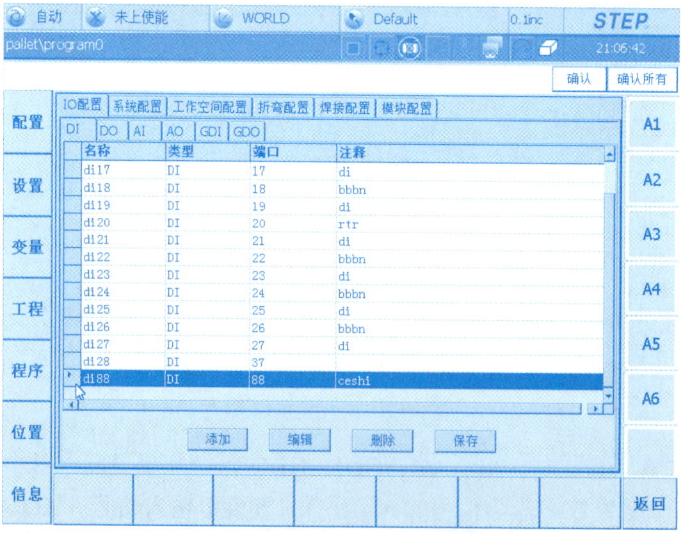

图 10.10　IO 配置添加 DI 完成

（7）选中一个 DI 信号后，点击编辑，会弹出 DI 信号编辑框，如图 10.11 所示，选中“di1”后点击“编辑”。

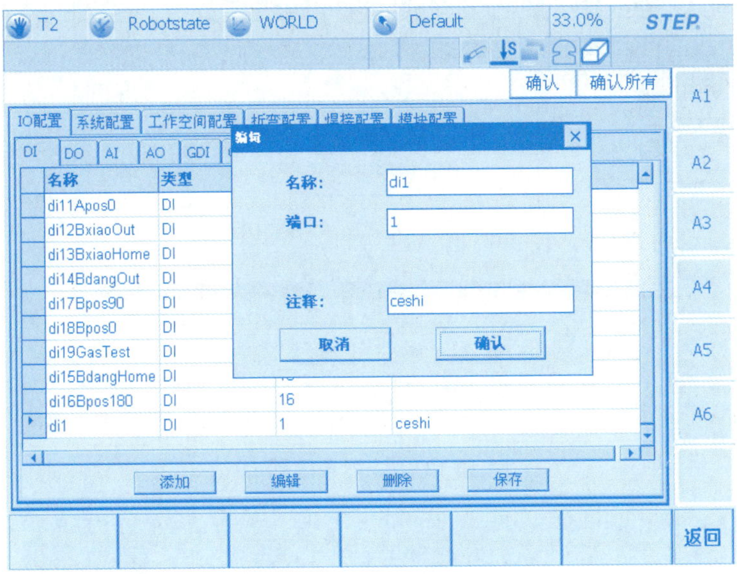

图 10.11　IO 配置编辑 DI

（8）在 DI 信号编辑界面，可以修改 DI 信号的名称、端口号和注释，如将 DI 信号的名称改为“di881”，点击确认，如图 10.12 所示。

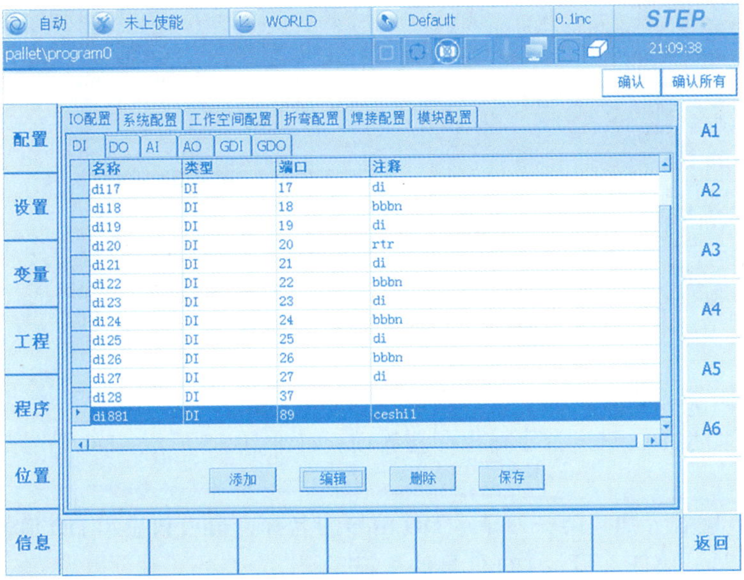

图 10.12　IO 配置编辑 DI 完成

（9）若不需要某个 DI 信号后，选中后，直接点击“删除”即可删除该信号。以“di881”信号为例，选中该信号后，点击“删除”，弹出删除确认框，如图 10.13 所示。

（10）点击弹出的小对话框中“OK”按钮就可删除“di881”信号，如图 10.14 所示。

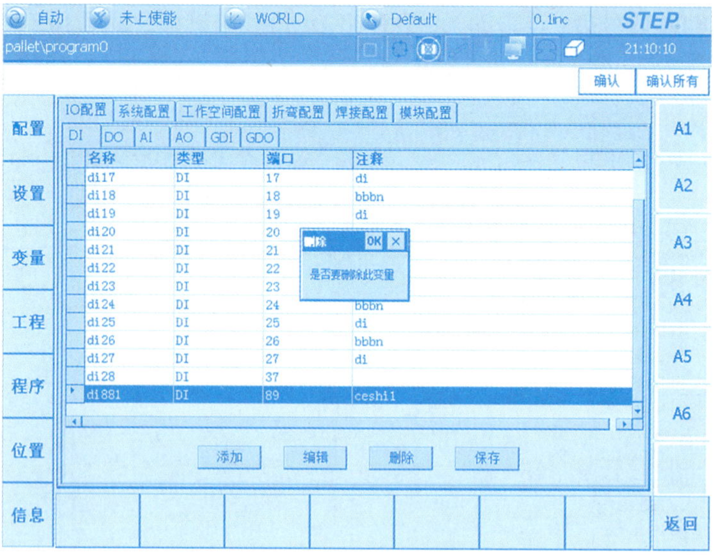

图 10.13　IO 配置删除 DI

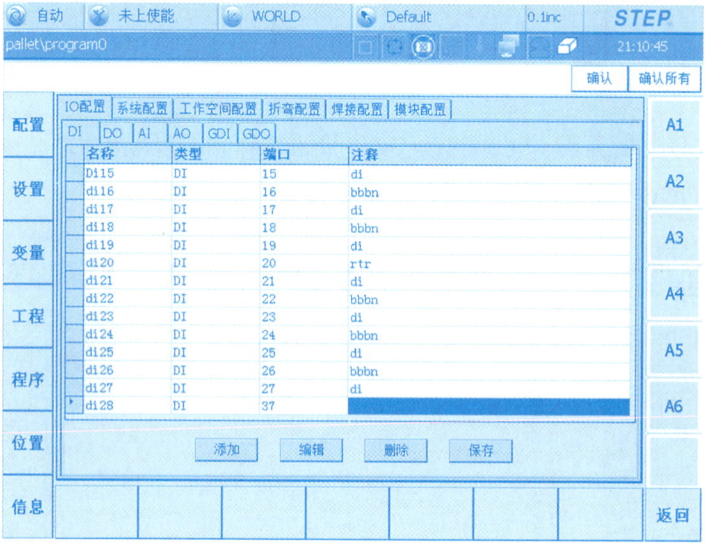

图 10.14　IO 配置删除 DI 完成

（11）修改 DI 页面的配置后，要点击保存才能有效，否则 DI 配置无效。

（12）选择 DO 页面，进入数字输出配置界面，如图 10.15 所示，DO 信号最多能配 96 个，端口号为 1 ~ 96。

（13）在 DO 配置界面，第一列显示 DO 信号的名称，第二列显示 DO 信号的类型，第三显示 DO 的端口号，第四列显示 DO 信号的注释。

（14）DO 配置界面的其他操作，与 DI 配置操作相似。

2. 系统配置

选择“系统配置”选项进入系统配置界面（图 10.16）。在系统配置界面可完成外部控制的配置，包括默认启动程序、外部接线盒按键的功能对应关系、输出信号的电平都在此处设置。

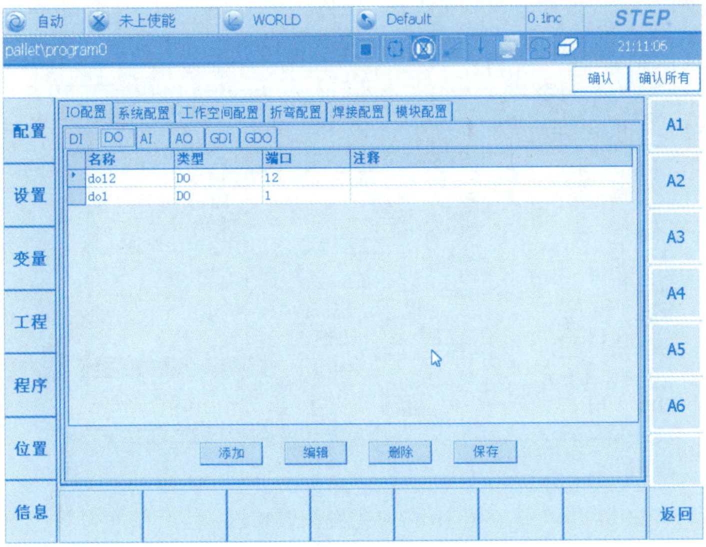

图 10.15 IO 配置 DO

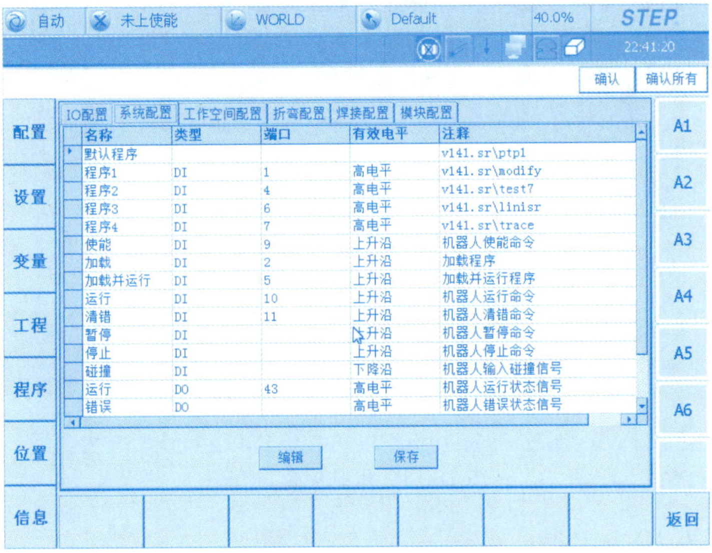

图 10.16 系统配置

配置的过程是选中需要修改的条目，点击下方“编辑”按钮；在弹出的编辑界面中进行修改；修改完成后点击“确定”按钮保存，如果不想修改，可以点击“取消”按钮返回配置界面；点击“确定”按钮后，还需点击配置界面的“保存”按钮，才能使修改生效。以下以修改“程序 1”和“运行”为例，说明信号配置过程。

选择“程序 1”中的任何一栏后，点击编辑，可以修改端口号和程序名，如图 10.17 所示，将“程序 1”的端口号设为“29”，程序设为“V141”工程下的“modify”。

选择“使能”“加载”等，点击“编辑”，可以设置这些外部信号的端口号，如图 10.18 所示，将外部模式下的运行信号设为端口号“39”。若没有点击“保存”按钮，就直接切换到其他页面，则之前的配置会全部丢失，需要重新配置。

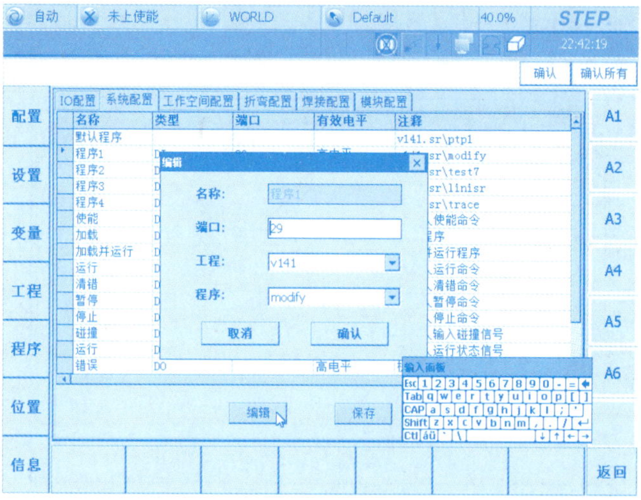

图 10.17 系统配置编辑

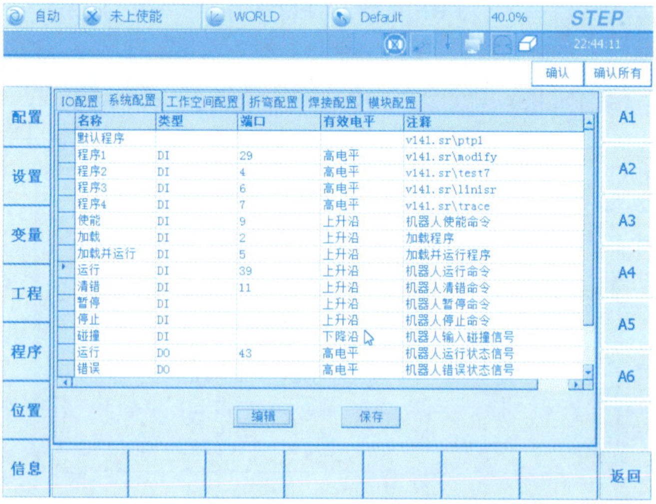

图 10.18 系统配置保存

3. 工业机器人 IO 分配表

工业机器人的 IO 分配见表 10.2。

表 10.2 工业机器人 IO 分配

IO 名称	类型	端口	注 释
jiaju	DO	17	控制机器人夹具，TRUE 为松开，FALSE 为夹紧
jiajukaiwei	DI	17	机器人夹具松开到位信号，有效值为 TRUE
jiajujiawei	DI	18	机器人夹具夹紧到位信号，有效值为 TRUE
jic1 menguan	DO	19	控制 1 号机床开关门，TRUE 为开门，FALSE 为关门
jic1 menkaidaowei	DI	19	1 号机床门开到位信号，有效值为 TRUE
jic1 menguandaowei	DI	20	1 号机床门关到位信号，有效值为 TRUE

续表

IO 名称	类型	端口	注 释
jic1kapanjiajin	DO	21	控制 1 号机床卡盘夹紧和松开，TRUE 为夹紧，FALSE 为松开
jic1zhuan	DO	22	控制 1 号机床加工程序启动
jic1jiagong	DI	22	1 号机床加工状态，TRUE 为空闲，FALSE 为加工中
jic2 menguan	DO	23	控制 2 号机床开关门，TRUE 为开门，FALSE 为关门
jic2 menkaidaowei	DI	23	2 号机床门开到位信号，有效值为 TRUE
jic2 menguandaowei	DI	24	2 号机床门关到位信号，有效值为 TRUE
jic2kapanjiajin	DO	25	控制 2 号机床卡盘夹紧和松开，TRUE 为夹紧，FALSE 为松开
jic2zhuan	DO	26	控制 2 号机床加工程序启停，TRUE 为启动，FALSE 为停止
Jic2jiagong	DI	26	2 号机床加工状态，TRUE 为空闲，FALSE 为加工中

（三）创建并运行工业机器人下料程序

1. 下料程序创建

步骤 1：点击示教器左侧的软按键工程，进入工程界面。

步骤 2：点击“文件”按钮会弹出工程、程序编辑对话框，点击“新建工程”按钮，输入工程名“MyPro”（也可以自己命名），点击“确认”按钮完成工程新建，点击“取消”取消工程新建。

步骤 3：程序新建，在界面左侧选中一个工程或者程序节点，然后点击“新建程序”按钮，“工程名称”栏显示的是将要建程序所属的工程名称，输入程序名“main”，点击“确认”按钮完成程序新建，点击“取消”取消程序新建。

步骤 4：进入到程序编辑界面，在机器人语句选择界面中点击相应的语句按钮并选择，完成插入程序语句。

步骤 5：进入到参数变量的新建界面，注意这里进入的变量新建界面与当前需要输入的参数类型有关，如果选中的参数变量类型为机器人位置变量类型，进入如下变量新建界面。首先选中希望新建的变量类型，然后输入变量的名称（首字符必须为英文字母），最后选择变量位置：全局变量（Global）、工程变量（Project）、程序变量（Program）。

步骤 6：依次写入如下代码程序，完成任务目标。实现工业机器人复位至工作原点，到物料台取料，运行到数控机床门外，等待机床加工完成并打开机床门到位，再以关节插补的方式将 TCP 点运动到达数控机床中的工件加工位上方，TCP 点再以直线轨迹方式下到工件加工位。输出 IO 信号，控制机床卡盘松开到位，再控制夹爪松开工件。输出 IO 控制机床卡盘夹紧，延时等待 2 s。TCP 点再以直线轨迹抬高 10 cm 距离，然后运行出机床，输出 IO，控制机床关门到位，接着启动数控加工程序。等待机床加工完成并打开机床门到位，工业机器人再次进入数控机床，输出 IO 信号，控制夹爪夹紧工件，控制机床松开卡盘，延时等待 2 s。TCP 点再以直线轨迹抬高 10 cm，再运行出机床，再运行到传送带的工件放置点，松开夹爪释放工件，TCP 点抬起 10 cm，最后工业机器人回到工作零位。

```
DOSet(jiaju, TRUE);
jiajusongwei: =DIWAIT(jiajukaiwei, TRUE);
PTP(yuandian, NULL, NULL, Default, WORLD);
PTP(quliaodian_up, NULL, NULL, Default, WORLD);
LIN(quliaodian, NULL, NULL, Default, WORLD);
DOSet(jiaju, FALSE);
WaitTime(t1000);
LinRel(cpd10, NULL, NULL, Default, WORLD);
PTP(yuandian, NULL, NULL, Default, WORLD);
Lin(cp0, NULL, NULL, NULL, Default, WORLD);
jic1jiagong1: =DIWAIT(jic1jiagong, TRUE, NULL, CONT);
jic1 menkaidaowei1: =DIWAIT(jic1 menkaidaowei, TRUE, NULL, CONT);
DOSet(jc1kapanjiajin, FALSE);
Lin(cp0, NULL, NULL, NULL, Default, WORLD);
Lin(cp1, NULL, NULL, NULL, Default, WORLD);
Lin(jic1xialiaodian, NULL, NULL, NULL, Default, WORLD);
DOSet(jiaju, TRUE);
DOSet(jc1kapanjiajin, TRUE);
WaitTime(t1000);
LinRel(cpd10, NULL, NULL, NULL, Default, WORLD);
Lin(cp0, NULL, NULL, NULL, Default, WORLD);
DOSet(jic1 menguan, FALSE);
jic1 menguandaowei1: =DIWAIT(jic1 menguandaowei,TRUE,NULL,CONT);
DOPulse(jic1zhuan, TRUE, t1000);
jic1jiagong1: =DIWAIT(jic1jiagong, TRUE, NULL, CONT);
jic1 menkaidaowei1: =DIWAIT(jic1 menkaidaowei, TRUE, NULL, CONT);
Lin(cp1, NULL, NULL, NULL, Default, WORLD);
Lin(jic1xialiaodian, NULL, NULL, NULL, Default, WORLD);
DOSet(jiaju, FALSE);
DOSet(jc1kapanjiajin, FALSE);
WaitTime(t1000);
LinRel(cpd10, NULL, NULL, NULL, Default, WORLD);
Lin(cp0, NULL, NULL, NULL, Default, WORLD);
Lin(yuandian, NULL, NULL, NULL, Default, WORLD);
Lin(cp10, NULL, NULL, NULL, Default, WORLD);
Lin(cp11, NULL, NULL, NULL, Default, WORLD);
Lin(fangliaodian, NULL, NULL, NULL, Default, WORLD);
DOSet(jiaju, TRUE);
WaitTime(t1000);
LinRel(cpd10, NULL, NULL, NULL, Default, WORLD);
Lin(cp10, NULL, NULL, NULL, Default, WORLD);
Lin(yuandian, NULL, NULL, NULL, Default, WORLD);
```

步骤 7：设置 “yuandian” “cpd10” 数据值，示教点（quliaodian，quliaodian_up，jic1xialiaodian，fangliaodian，cp0，cp1，cp10，cp11）。

```
AXISPOS yuandian: ={0, -45, 45, 0, 90, 0}
POSOFFSET cpd10: ={0, 0, 100, 0, 0, 0}
CARTPOS quliaodian: ={-937.944076, -286.125120, 893.732317, -179.994008,0.010947,98.255319,0.000000,0.000000,0.000000,0.000000,0.000000, 0.000000, 0 }
CARTPOS quliaodian_up: ={-937.944076, -286.125120, 993.732317, -179.994008,0.010947,98.255319,0.000000,0.000000,0.000000,0.000000,0.000000, 0.000000, 0}
CARTPOS jic1xialiaodian: ={-862.403953, -632.693421,1055.544338, -178.532538, 1.152053, -28.382668, 0.0, 0.0, 0.0, 0.0, 0.0, 0.0, 0 }
CARTPOS fangliaodian: ={143.374358, -368.110008, 1274.467840, -179.998914, -0.002147, 27.136287, 0.0, 0.0, 0.0, 0.0, 0.0, 0.0, 0 }
CARTPOS cp0: ={-937.944076, -286.125120,893.732317, -179.994008, 0.010947, 98.255319, 0.000000, 0.000000, 0.000000, 0.000000, 0.000000, 0.000000, 0 }
CARTPOS cp1: ={-1032.713028, -286.781824, 894.131258, 179.997633, -0.016360, 98.255327, 0.000000, 0.000000, 0.000000, 0.000000, 0.000000, 0.000000, 0 }
CARTPOS cp10: ={-734.586843, 872.808562, 1167.556558, 179.862929, -0.042329,-164.819214,0.000000,0.000000,0.000000,0.000000,0.000000, 0.000000, 0 }
CARTPOS cp11 : ={-854.516873 , -612.476514 , 1146.009338 , -179.990760, 0.008543, 10.667179, 0.000000, 0.000000, 0.000000, 0.000000, 0.000000, 0.000000, 0 }
```

2. 自动运行程序

编好程序后，首先需要在手动模式下进行程序示教及调试，程序调试没有问题后，才可以在自动模式下运行程序。手动模式下运行程序称为点动运行程序。

步骤 1：程序点动运行。

第一步：选择运行方式。首先使用钥匙按钮将机器人运行模式调整到手动运行模式“T2”。

第二步：在工程界面中选择一个编辑好的程序，然后点击 “下载” 按钮，完成程序加载，如果状态栏中出现了加载程序，表明程序加载成功。

第三步：上使能，按住面板按键 “Start” 运行程序，此时程序开始运行，松开面板按键 “Start”，程序运行停止。

步骤 2：机器人自动运行程序。

第一步：选择运行方式。首先使用钥匙按钮将机器人运行模式调整到自动运行模式（AUT）。

第二步：在工程界面中选择一个编辑好的程序，然后点击 “下载” 按钮，完成程序加载，如果状态栏中出现了加载程序的目录，表明程序加载成功。

第三步：上使能，点击面板按键 “Start” 运行程序。如果想停止程序运行，点击 “Stop” 按键。

模块十一 智能综合管理系统的使用

一、系统登录

步骤 1：下载 IE9 以上版本的浏览器，用于登录。

步骤 2：登入系统 IP 地址“172.8.10.11”，登入账号“tiezhiyuan”，密码“123456”，如图 11.1 所示。

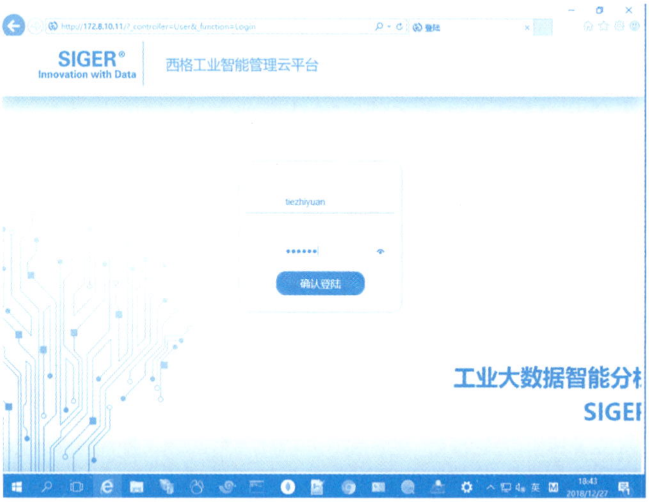

图 11.1 账号密码登录

步骤 3：登入后进入菜单界面，如图 11.2 所示。

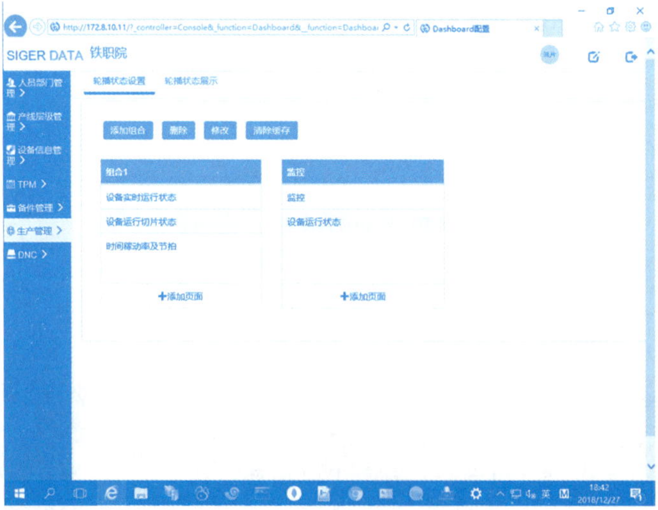

图 11.2 菜单截面

步骤 4：点击左侧菜单栏，展开相应界面，如图 11.3 所示。

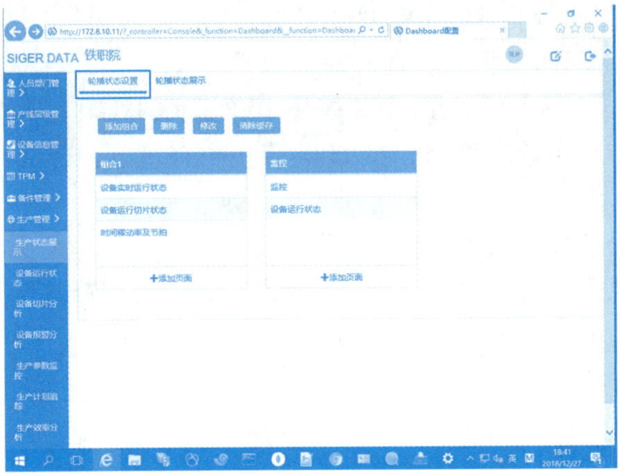

图 11.3　界面展开

二、系统信息录入及信息查询

（一）配置管理设置

1. 部门设置

根据自身情况，添加系统用户涉及的部门及部门所包含的岗位。

（1）添加部门。

菜单位置：人员部门管理→部门岗位设置，如图 11.4 所示。

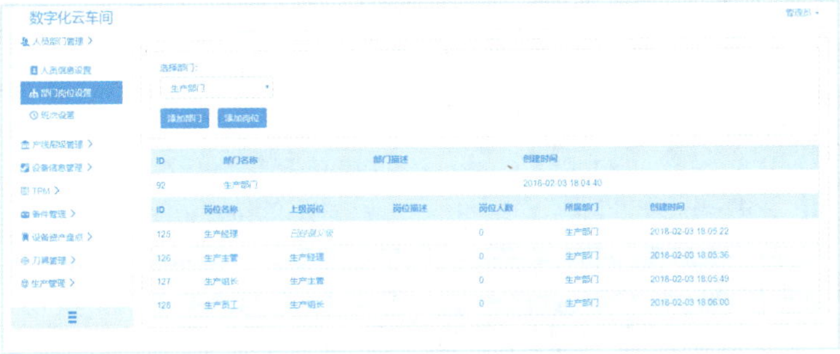

图 11.4　部门岗位设置

点击“添加部门”按钮，输入部门相关信息，包括部门名称和部门职责，确认添加即保存部门信息，如图 11.5 所示。

图 11.5　部门设置方法

说明：

① 部门名称和部门职责必选，部门描述可选。

② 部门职责即该部门所承担的职责，说明如下。

a. 生产属性职责：负责生产，在 TPM 模块中有复线的权限。

b. 维修属性职责：负责设备维修，在 TPM 模块中有接单、签到、提交维修信息的权限。

（2）删除和修改部门。

对已经存在的部门进行删除和修改的操作。

操作：通过筛选框筛选出某个部门，用鼠标选中，会有“修改”和“删除”按钮弹出，点击完成相应操作，如图 11.6 和图 11.7 所示。

图 11.6　删除和修改部门

图 11.7　修改部门

（3）设置部门权限。

部门权限是指本系统中，不同部门人员所允许接入的权限。

操作：通过筛选框筛选出某个部门，鼠标选中，会弹出“设置权限”按钮，点击该按钮后，显示窗口如图 11.8 和图 11.9 所示。

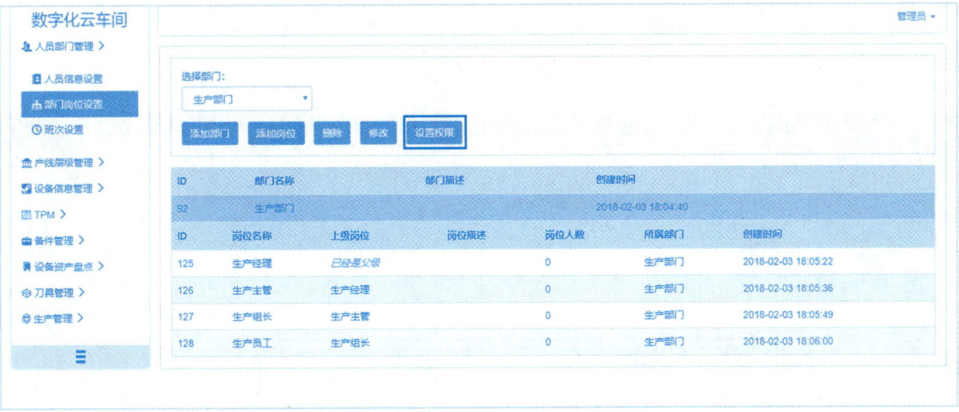

图 11.8　设置部门权限（一）

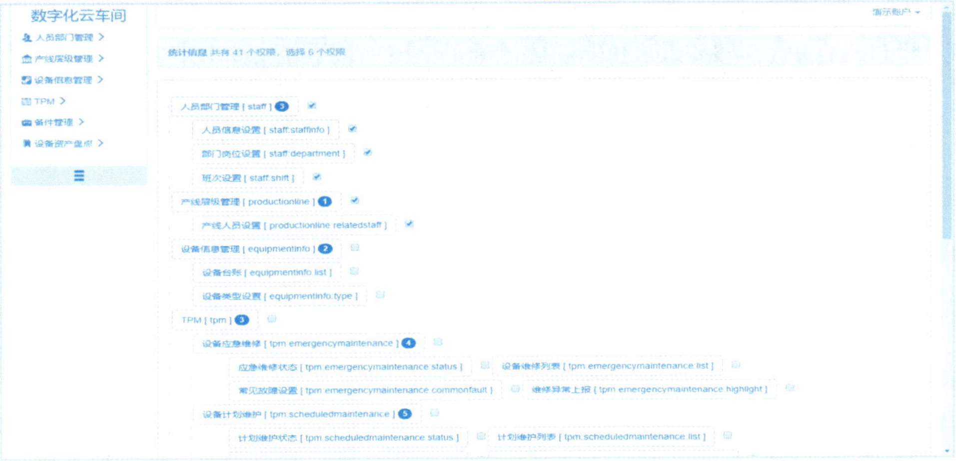

图 11.9　设置部门权限（二）

2. 岗位设置

菜单位置：人员部门管理→部门岗位设置。

（1）添加岗位。

岗位需要在添加完部门后才能添加，界面如图 11.10 所示。

图 11.10　添加岗位

点击“添加岗位”按钮，选择所属部门，输入岗位相关信息，确认添加即保存岗位信息，如图 11.11 所示。

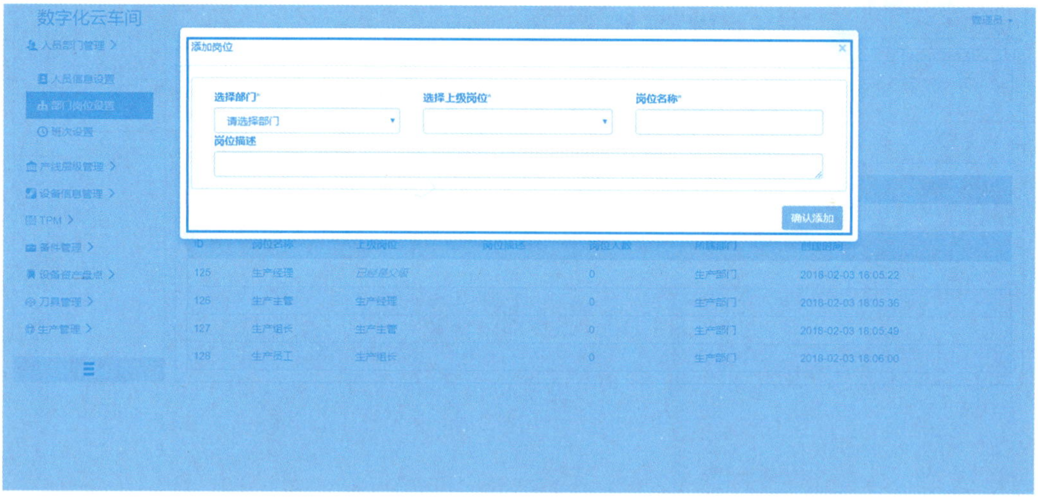

图 11.11 添加岗位

说明：

① 所属部门、对应上级岗位、岗位名称为必选项。

② 岗位描述可选。

③ 添加部门内第一个岗位，无法选择其上级岗位，则默认此岗位为系统中该部门最高岗位，如生产经理、维修经理。

（2）删除和修改岗位。

对已经存在的岗位进行删除和修改的操作。

操作方法：通过筛选框筛选出某个部门，部门下方会展示此部门所包含岗位，鼠标选中，会有“修改”和“删除”按钮弹出，点击完成相应操作，如图 11.12 和图 11.13 所示。

图 11.12 删除和修改岗位（一）

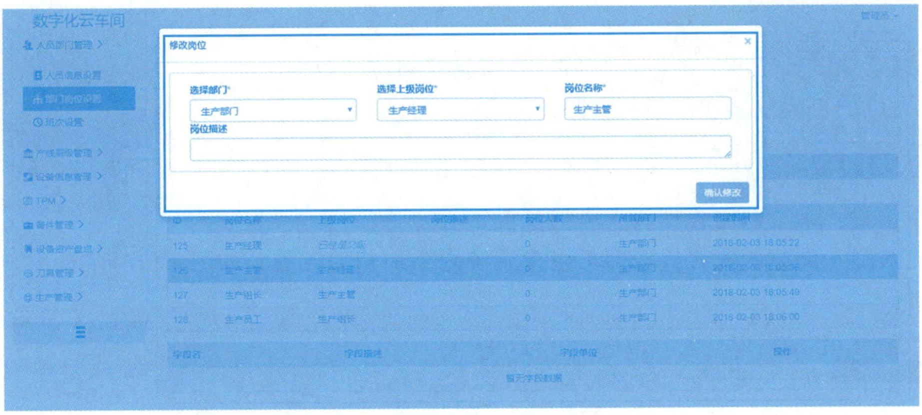

图 11.13　删除和修改岗位（二）

（3）设置岗位权限。

岗位权限是指本系统中，不同岗位人员所允许接入不同页面的权限。

设置方法：通过筛选框筛选出某个部门，部门下方会展示此部门所包含岗位，鼠标选中，会有“设置权限”按钮弹出，如图 11.14 和图 11.15 所示。

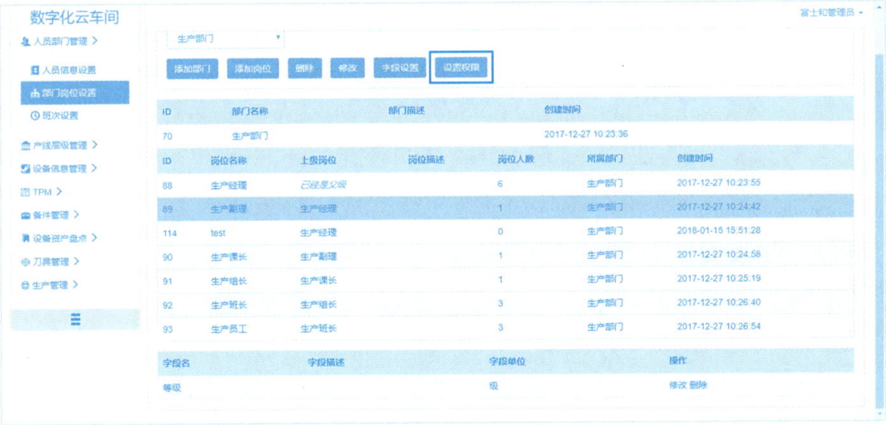

图 11.14　设置岗位权限（一）

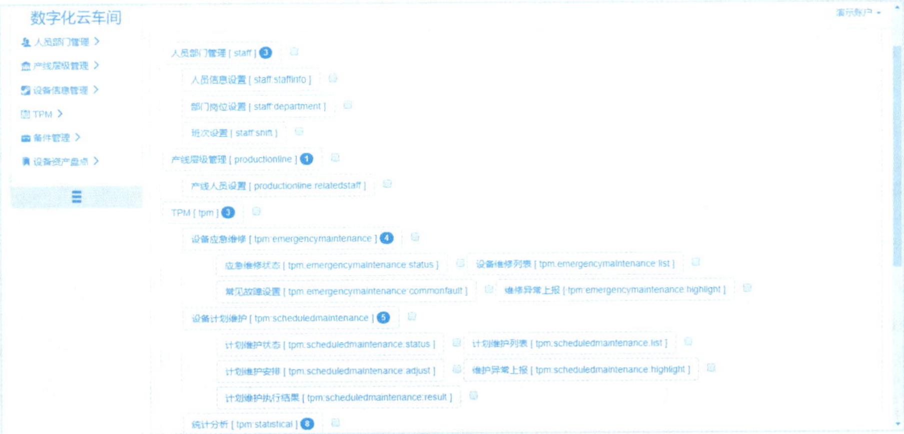

图 11.15　设置岗位权限（二）

注：

① 只有在设置完部门的权限之后，才能设置岗位的权限。

② 岗位的权限范围在部门的权限范围之内。

3. 人员设置

菜单位置：人员部门管理→人员信息设置。

完成部门和岗位的配置后，即可以在系统内添加相关人员，如图 11.16 所示。

图 11.16　人员设置

（1）添加人员。

人员添加方式有两种：

① 手动添加。

点击“添加”按钮，弹出添加对话框，输入相关信息，确认后完成手动添加，如图 11.17 所示。

图 11.17　人员设置（手动添加）

② 批量导入。

系统提供 Excel 批量导入功能，点击“下载模板”，下载西格云平台——人员信息导入模板 Excel 文件，批量填入人员信息，再点击“导入 Excel”，选择目标文件，完成人员信息的批量导入。

（2）删除和修改人员信息。

对已经存在的人员信息进行删除和修改的操作，如图 11.18 所示。

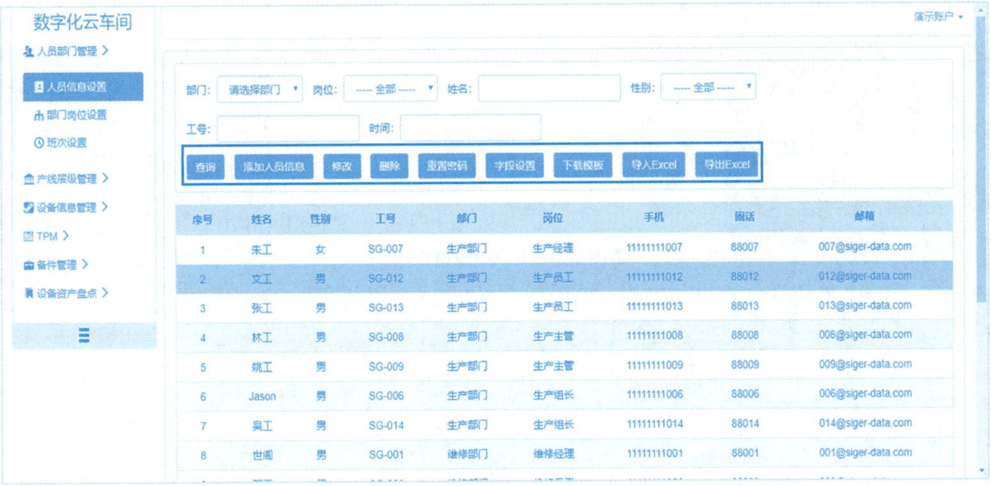

图 11.18　人员信息删除和修改

此外，还可以在选中某行后，进行修改密码，设置岗位特有字段等功能，系统也可以批量导出系统内人员信息。

4. 设备类型设置

菜单位置：设备信息管理→设备类型设置。

根据公司对设备的分类，将设备按照不同类型进行划分，系统支持两个层级（设备父级类型和设备子级类型）的划分，如图 11.19 所示。

图 11.19　设备信息管理

上图列表中展示了所有父级（一级）的设备类型，点击某一父级设备类型，列表下方展示出此父级类型所包含的子级设备类型。

（1）添加设备类型。

设备类型添加方式有两种：

① 手动添加。

分别点击“添加父级设备类型”和“添加子级设备类型”按钮，在弹出的对话框内输入相关信息，确认后完成手动添加如图 11.20 和图 11.21 所示。

图 11.20　添加父级设备类型

图 11.21　添加子级设备类型

② 批量导入。

系统提供 Excel 批量导入功能，点击“下载模板”，下载西格云平台——设备类型导入模板 Excel 文件，批量填入设备类型信息，再点击“导入 Excel”，选择目标文件，完成设备类型信息的批量导入。

（2）删除、修改设备类型。

点击选中某一设备类型，再点击页面上“删除”“修改”按钮，完成对设备类型信息的更新。

5. 设备台账

菜单位置：设备信息管理→设备台账。

根据已经定义好的产线层级结构和设备类型，对产线每一个工位添加具体的设备，如图 11.22 所示。

图 11.22　添加设备台账

（1）添加设备台账。

设备台账添加方式有两种：

① 手动添加。

点击“添加设备”按钮，在弹出的对话框内左侧选择目标工位，右侧输入相关的详细信息，确认后完成手动添加，如图 11.23 所示。

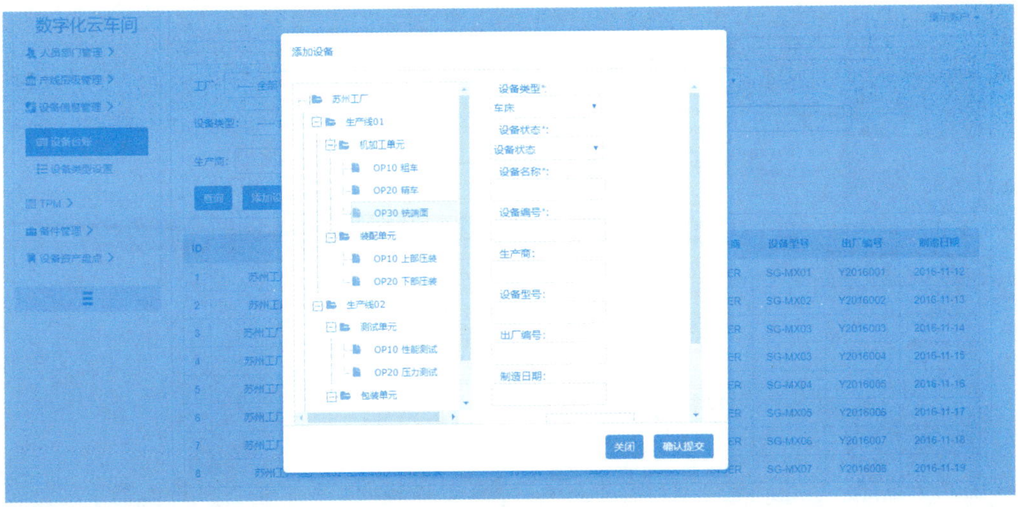

图 11.23　添加设备台账（手动添加）

② 批量导入。

系统提供 Excel 批量导入功能，点击“下载模板”，下载西格云平台——设备列表导入模板 Excel 文件，批量填入设备类型信息（列表中已经包含之前创建好的产线层级结构），再点击“导入 Excel”，选择目标文件，完成设备台账信息的批量导入。

（2）删除、修改设备台账。

点击选中某一设备，再点击页面上“删除”“修改”按钮，完成对设备台账信息的更新。

（3）打印设备二维码。

点击页面上“打印二维码”按钮，弹出打印对话框，如图 11.24 所示。通过产线层级的筛选条件，选出需要打印的设备二维码，再点击“打印”页面，进入到打印服务。

图 11.24　打印设备二维码

（二）生产状态展示

生产状态展示由多个可自由配置的看板系统组成（图 11.25），提供从相对宏观的工厂级到某一单台设备的可视化生产状态。最大限度满足各级管理人员对车间的信息需求。让各层管理人员能够真正实时看到生产状况、随时知道生产结果。

图 11.25　生产状态展示

1. 轮播状态设置

轮播状态设置中可以配置添加看板、看板的轮播周期、看板的页面组合以及每个页面的显示数据。

点击“添加组合”按钮，在弹窗中输入组合名称和轮播周期，点击“确认添加”按钮完成一个组合的创建，如图 11.26 所示。

图 11.26　轮播状态设置

添加完成后，页面自动跳转至“添加页面”的界面（图 11.27）。一个看板组合下可以添加多个轮播页面，每个轮播页面的展示时间为一个轮播周期。

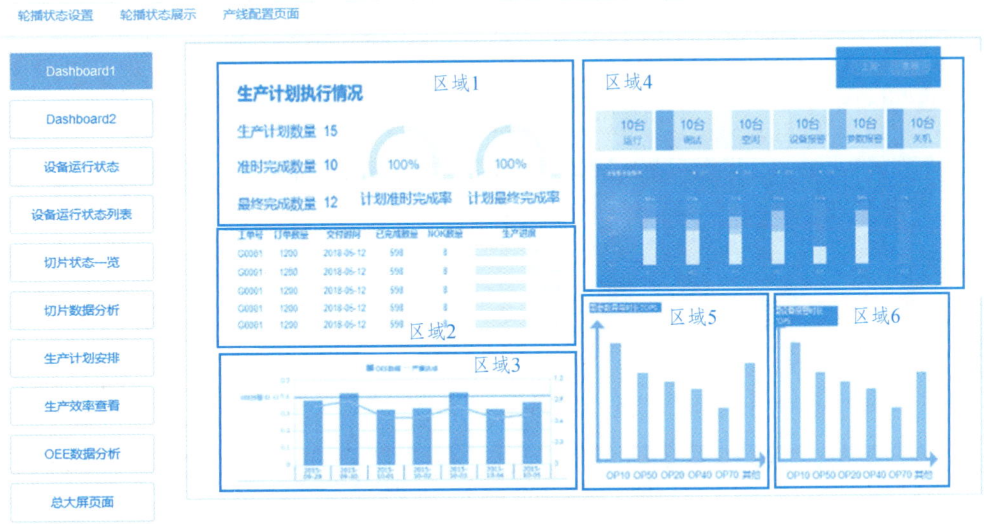

图 11.27　添加页面操作界面

首先在左侧菜单中选择需要添加的页面，选中某一个页面后，右侧主页面中显示该页面的展示示意图。在页面下方可以对每一个区域进行配置，如图 11.28 所示，页面名称不能为空。

点击“确认添加”按钮，完成添加。一个页面添加结束后，可以继续点击“添加页面”按钮，为看板组合再次添加新的页面。

2. 产线配置页面

产线配置页面（图 11.29）中可以对各条生产线的设备布局示意图进行配置，包括设备图标的宽、高，以及设备图标在展示页面中的位置。通过产线配置，在和产线相关的看板页面中可以形象地展示产线结构。

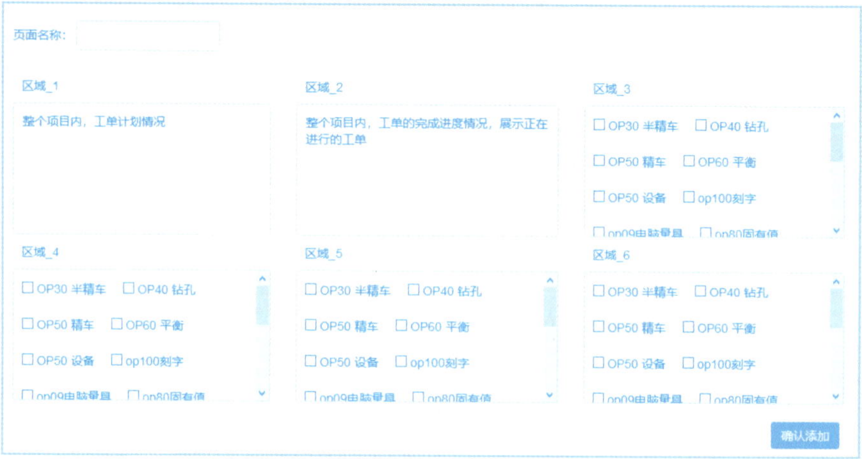

图 11.28　添加页面演示

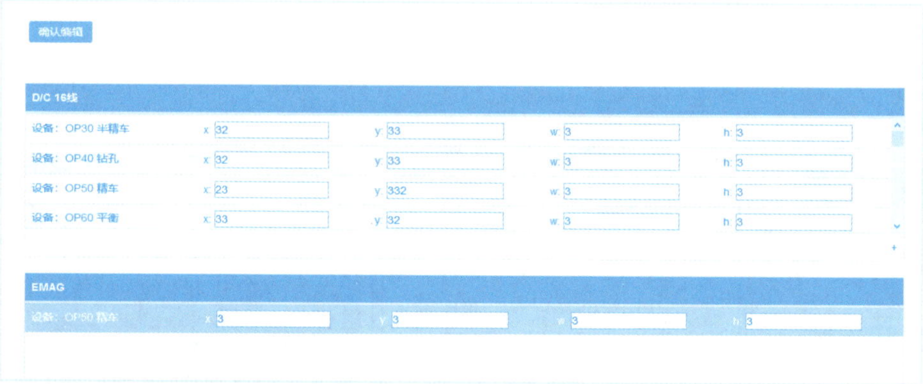

图 11.29　产线结构示意

3. 轮播页面展示

点击“轮播页面展示”按钮，进入轮播页面展示功能，如图 11.30 所示。

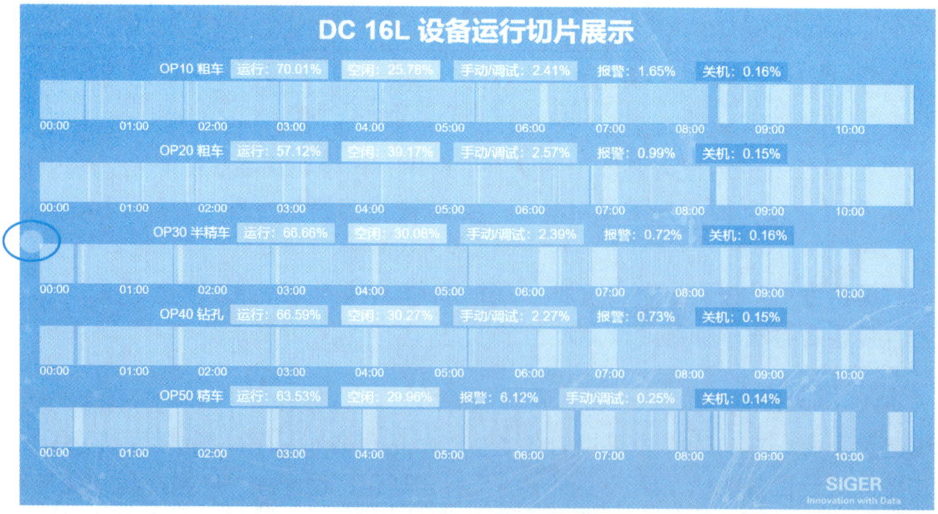

图 11.30　轮播页面展示

（三）设备运行展示

设备运行状态展示设备的实时运行状态，包括设备的运行、手动/调试、空闲、设备报警、关机五种状态。

（1）关机：如果 5 min 内没有采集到设备数据，则认为该设备为关机。

（2）故障：设备数据中“al”字段不为 0，则该设备状态为故障。

（3）调试：设备数据中“opm”字段为 3，则设备状态为调试。

（4）运行：设备数据中“opm”字段为 1 并且“pst”字段为 3，则设备状态为运行。

（5）空闲：以上条件都不符合且持续 5 min 的设备状态为空闲。

系统采用图形界面形式和列表形式展示每台设备的实时运行状态，以及相关运行参数包括当前运行程序号、转速、转速倍率、进给倍率。

1. 设备运行状态

图形化方式展示设备的运行状态，如图 11.31 所示。

图 11.31　设备运行状态

2. 设备运行列表

以列表方式展示设备的运行状态，如图 11.32 所示。

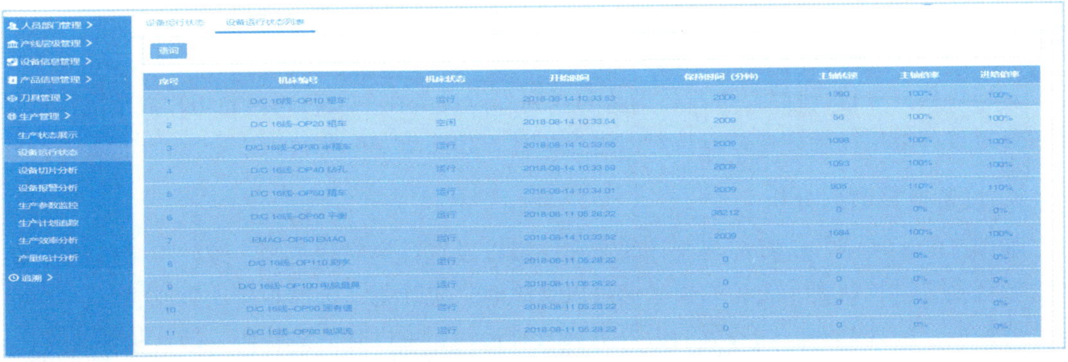

图 11.32　设备运行列表

3. 设备切片状态

选择查询的产线以及查询的时间范围后，点击“查看”按钮，查看设备的切片（图 11.33），如果时间范围跨天，则每一天是一条切片。页面下方显示每种状态的 Pareto 图，如图 11.34 所示。

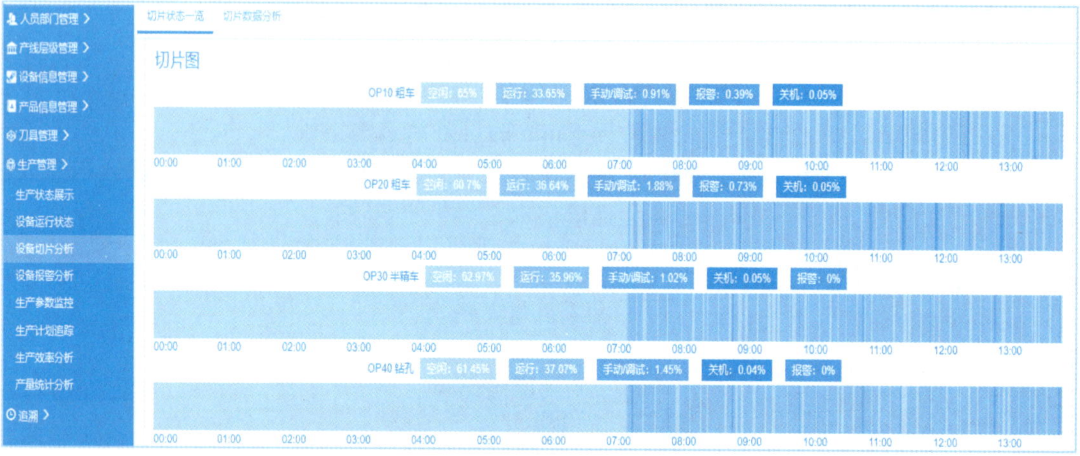

图 11.33　设备的切片

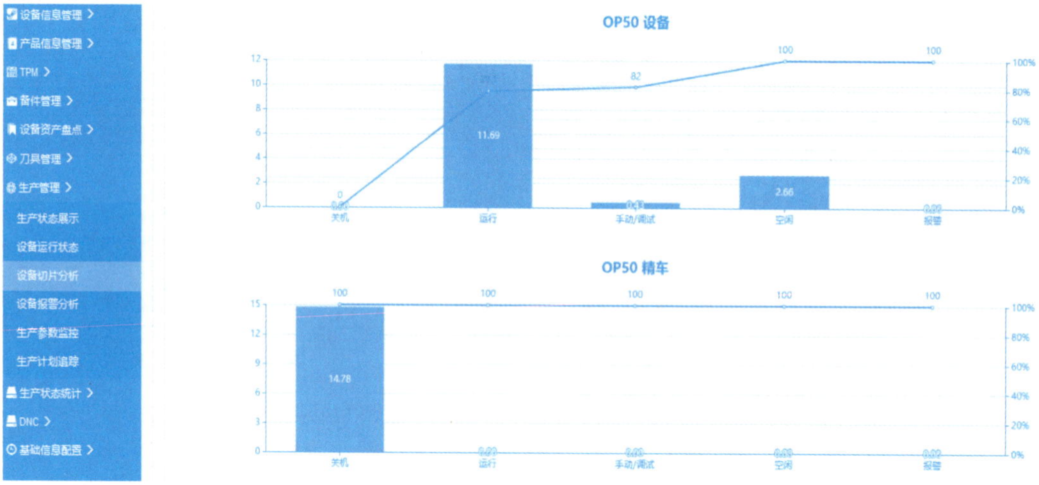

图 11.34　设备的切片分析

4. 设备切片数据分析

对切片数据进行统计后，可以提供从公司到具体设备在一段时间内的切片数据统计结果，同时可以按产线层级统计也可以按时间进行统计，如图 11.35 所示。

5. 设备报警数据分析

如图 11.36 所示，选择需要统计的产线层级以及统计的时间范围，统计指标包括故障报警次数和报警时长两类；统计的横坐标可以是时间，统计每一天的报警次数或时长；也可以是产线层级，统计某一产线层级的报警次数或时长；还可以是故障代码，统计每种故障代码的报警次数或报警时长。

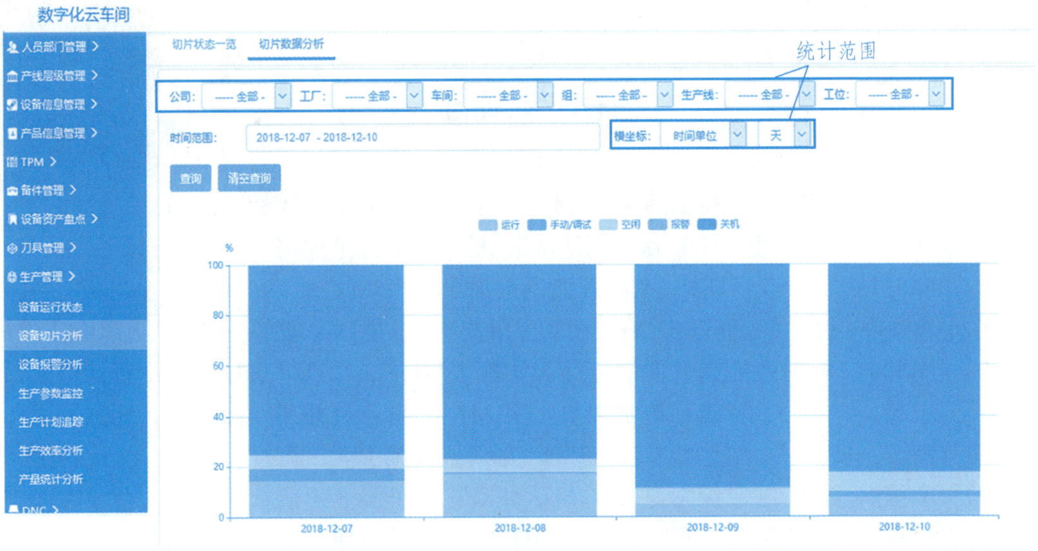

序号	日期/产线层级	运行	手动/调试	空闲	报警	关机
1	2018-12-07	14.24%	5.01%	5.32%	0.2%	75.23%
2	2018-12-08	16.99%	0.63%	5.03%	0.43%	76.92%
3	2018-12-09	4.73%	0.17%	6.05%	0.73%	88.33%
4	2018-12-10	7.52%	2.31%	7.41%	0.35%	82.41%

图 11.35　设备切片数据分析

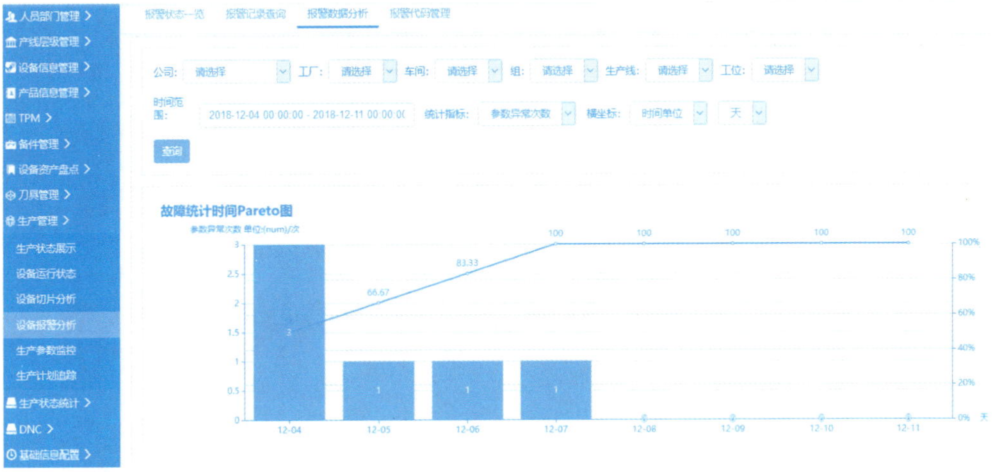

图 11.36　设备报警数据分析

参考文献

[1] 李培根，高亮. 智能制造概论[M]. 北京：清华大学出版社，2021.
[2] 任长春，舒平生. 智能制造概论[M]. 北京：机械工业出版社，2021.
[3] 陈龙灿，彭全，张钰柱，等. 智能制造加工技术[M]. 北京：机械工业出版社，2021.
[4] 蒋道霞，符学龙，嵇正波. 智能制造应用技术与实践[M]. 北京：中国铁道出版社，2021.
[5] 喻彩丽. 材料性能与智能制造综合实验教程[M]. 北京：机械工业出版社，2021.
[6] 王芳，赵中宁. 智能制造基础与应用[M]. 北京：机械工业出版社，2021.
[7] 陶俊，胡玉才. 制造技术实训[M]. 北京：机械工业出版社，2018.
[8] 辛国斌. 智能制造探索与实践[M]. 北京：电子工业出版社，2021.
[9] 马玉山. 智能制造工程理论与实践[M]. 北京：机械工业出版社，2021.
[10] 赵猛，姜海鹏. 智能车床加工工艺与编程[M]. 北京：机械工业出版社，2018.
[11] 梁亮，梁玉文. 自动化生产线安装、调试和维护技术[M]. 北京：机械工业出版社，2018.